陸海軍戦史に学ぶ

負ける組織と日本人

藤井非三四

Fujii Hisashi

a pilot of wisdom

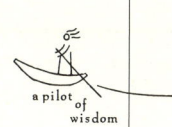

はじめに

　こんな見方もある、こうも語れるのではと、少し斜めから見た戦史を月刊誌『軍事研究』に連載させてもらっていた。機会があって、それを一冊にまとめてみたらとのお話をいただいた。願ってもないことで、嬉しい限りと加筆、訂正に取り組んでみた。

　まずは、参考にした主な文献を読み直すことから始めたが、そこで改めて感じたことがある。日本が戦った戦争、特に満州事変から太平洋戦争についての論評は、賛美にも似た擁護が一方にあり、他方に難癖とも思える糾弾があり、その両極ばかりが目立ち、おそらく公正であるはずの、その中間がないことだった。歴史として語っているように見えるものの、実は歴史だと認識していないのではないかとまで思わせる。

　あの戦争が残した灰は、未だに熱いことは認める。だから客観的にとらえられないのは無理からぬことだろう。しかし、戦後に生まれたわれわれの世代までが、そのような姿勢では、いつまでたっても収拾がつかない。一六一八年から中部ヨーロッパで荒れ狂った三十年戦争の出来事を、生々しい記憶として蒸し返せば、EUというものは成り立たないだろう。いかなる惨劇でも、それを歴史の一齣《ひとこま》として受け入れなければ、将来への道は閉ざされてしまう。

そして戦争での出来事を擁護したり、糾弾するばかりでは、本来そこから生まれる教訓というものが導き出せない。これは歴史なのだという冷静な思考があって初めて説得力のある教訓が得られる。

戦史を読んでいると、人類はなんとも同じ過ちを繰り返すものだと失笑させられることが多い。人間の頭はそれほど進歩しないものだと、外国の例ならば他人事で済まされる。しかし、自分の国のこととなると、そう呑気《のんき》に構えていられない。まして日本は数百万の死のうえに大敗北を喫したのだから、より深刻な教訓がそこにあるはずで、それを学ぼうという姿勢があって然《しか》るべきだ。

ところが戦後の日本を見ていると、どうもそうではないようだ。戦争こそしていないが、戦前、戦中の発想そのままで、同じように失敗していることが多いように見受けられる。特に対外関係においてそうだが、多大な損害を被って学んだ戦《いくさ》の駆け引きを実践していないとは残念なことだ。

日本人は変われないのか、変わりたくないのか、とにかくもっとも苛酷《かこく》な社会現象である戦争から教訓を導き出して、それを学ぶ姿勢が不足している。これは大変、なんとかしなければ、そこが拙著の切り口であり、目的でもある。特に日本人の欠点になりがちな七つの分野で追ってみた。

最後になったが、得難い機会を与えて下さったうえに、貴重な助言を賜った集英社新書編集長の梶屋隆介氏に感謝の言葉を述べさせていただきたい。

藤井非三四

平成二十年五月

目次

第一章　戦争に求められる季節感

◆狙われる夏至の前後

毎年、判で押したように雪が降る日、必ず快晴になる日がある。東京では、みぞれか雪の二月二十六日、快晴の十月十日だ。だから昭和十一（一九三六）年、雪を鮮血で染めた二・二六事件が長く記憶に残ることとなり、十月十日は昭和三十九年の東京オリンピック開会日に選ばれた。これを天候の特異日と呼ぶ。

戦争の歴史を通観すると、特異日こそないが、「特異月」はあるように思う。それは六月だ。満を持して戦争に踏み切ったり、準備万端を整えて大作戦を発起したりする場合など、軍事的な合理性を追求できて能動的に動けると、六月に狙いを定める。

古典的だが、ナポレオンの戦争を見てみよう。マレンゴ（一八〇〇年）、フリートラント（一八〇七年）、ロシア進攻（一八一二年）、そしてワーテルロー（一八一五年）、これみな六月の出来事だった。古い話ばかりではない。一九四一年のナチス・ドイツによるソ連進攻「バルバロッサ作戦」発動が六月二十二日、一九五〇年の朝鮮戦争勃発が六月二十五日、第三次中東戦争は一九六七年六月五日に始まった。

第二次世界大戦の帰趨《きすう》が定まった一九四四（昭和十九）年でも、六月が焦点となった。連合軍はこの六月六日から二十三日にかけて、三つの戦線で大作戦を決行した。西部戦線ではノルマンディー上陸の「オーバーロード作戦」、太平洋戦線ではマリアナ諸島攻略の「フォリージャー作戦」、東部戦線ではドイツ中央軍集団を包囲する「バグラチオン作戦」だ。これもまた、六月が戦争の特異月であることの例証になる。

では、なぜ六月なのか。北半球では、六月二十二日前後が夏至だからだ。日本で六月といえば梅雨で、天候不順だから戦争の季節ではないイメージが強い。火縄銃の時代は雨が大敵だったから、梅雨を避けるのが常識だった。しかし、世界史を動かした戦争の舞台となってきた中部ヨーロッパでは、ジューン・ブライドというぐらいだから、快適で良い季節なのだろう。

天候はさておき、改めて語るまでもなく夏至は一年で夜がもっとも短い日だ。昼が長く、夜が短いことが、攻撃側の戦闘意欲をかき立てる。

北緯四十三度付近、札幌の六月二十日前後、小銃の射程三百メートルほどの視程が得られるのは、晴天ならば午前二時半頃から午後八時五十分となる。これが冬至の頃になると午前六時頃から午後五時半までとなり、なんと七時間近い差がある。さらに高緯度になるとこの差が大きくなり、極地帯では二十四時間の差となる。

明るい時間が長く、一日をより有効に使えることは、攻撃する側にとってこのうえない。先手を取られて受け身になった側は、戦線を整理して態勢を立て直すにしても、また後退するにしても、とにかく暗闇《くらやみ》が欲しい。ところが夏至前後に叩かれると、いつまでも残酷な太陽に照らされ続けて、なかなか夜が訪れない。

暗視装置が普及した今日、「夏至だ」「冬至だ」は昔話になったと思われがちだ。しかし、暗闇を完全に克服したわけではない。暗視装置を装着すると視野が狭まり、全般の状況に目を配れなくなる。画像だけを頼りにすると、誤射や友軍相撃の危険が高まることは、最近の戦例でよく指摘されている。いくら技術革新が進んでも、依然として六月から七月は戦争の季節なのだ。

◆日露戦争の日程表

もちろん夏至の近辺だけを意識していればよいわけではない。現代の戦争は、複数の会戦を重ね、その総合スコアーで勝敗が決まるから、話が複雑になる。決定的となるであろう会戦を、どうやって我に有利な時期にもって行くか、そこが作戦計画を立案する者の腕の見せどころとなる。

現代戦の走りとでもいうべき明治三十七（一九〇四）年から翌年にかけての日露戦争を見てみよう。日本軍の構想は、「夏至の前後、日の長さを活用して行程をかせぐ。そして満州（中国東北部）の雨期となる七月から八月の前に、遼陽《りようよう》付近でロシア軍の主力を捕《ほ》捉《そく》して撃破し、前段作戦を終える。遼陽から少し北上した線で越冬し、翌年の解氷期から後段作戦を始め、奉天（現在の瀋陽《しんよう》）まで押し出す」というものだった。

この基本構想から開戦日時を逆算する。全軍を直接、満州に揚陸できるならば問題は簡単だった。しかし、戦争目的である朝鮮半島の保全が第一にあり、そしてロシアの旅順艦隊を撃破して黄海の制海権を確保するには時間が必要となる。そこでまず先遣部隊を朝鮮半島に上陸させなければならない。この任に当たったのが第一軍だ。

仁川《インチヨン》と平壌《ピヨンヤン》の西、鎮南浦《チンナムポ》（現在の南浦）に上陸した第一軍は、朝鮮半島を確保し、次いで北上して鴨緑江《アムノッカン》を渡河し、西北進して遼陽平野に頭を出す。機動距離がもっとも長

図版1　日露戦争の全般経過

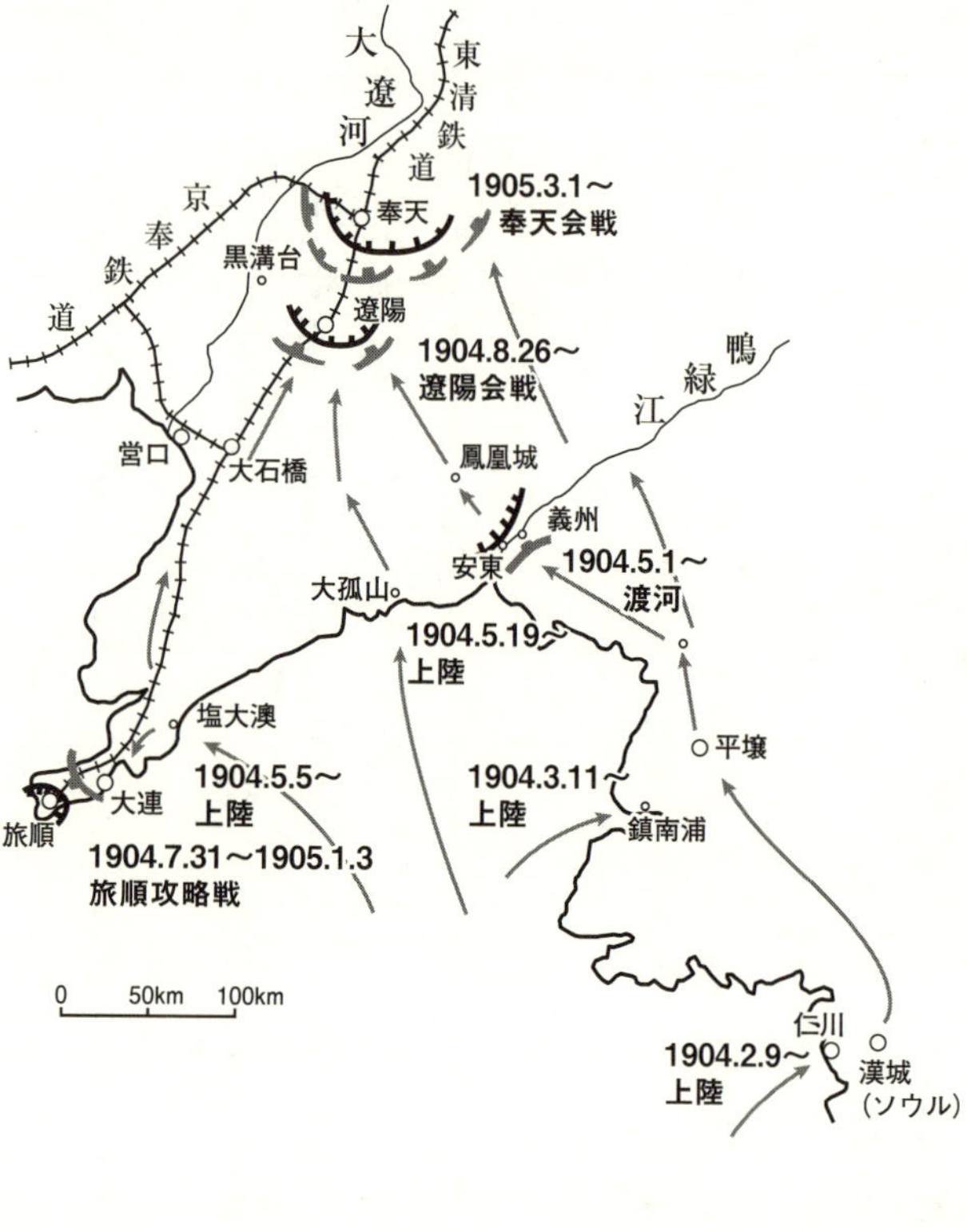

くなるこの第一軍の日程が、全体のスケジュールを決めた。第一軍の作戦で大きな問題は、朝鮮半島の悪路と鴨緑江の渡河だった。道路が凍結しているうちに朝鮮半島を通過し、渇水期と解氷期の境を狙って鴨緑江を渡るのがポイントとなる。

これらを逆算した結果、日本は明治三十七年二月八日に戦端を開いた。冬の最中に開戦とは、一般的には異様に思える。しかし、そこには決戦をどこに置くかに始まる綿密な計算があったのだ。作戦の単位となる部隊を別々に機動させ、戦略目標に向けて集中させる分進合撃の原則にも適《かな》った合理的な構想だった。

第一軍の鴨緑江渡河は四月二十九日からとなり、これに合わせる形で五月五日から第二軍が遼東半島に上陸を始めた。遼東半島の先端にある大連から遼陽まで約三百キロだ。この距離ならば、予定通り雨期前に遼陽平野での決戦にもって行けたはずだった。ところがさまざまな遅れが累積したため、遼陽会戦は雨期明けの八月二十六日からとなった。その後、十月八日からの沙河《さか》会戦をへて、両軍は三カ月にわたる越冬に入る。

日本軍にとって時間の遅れは四週間ほどになる。それでも北緯四十一度あたりの作戦だから、なんとか越冬態勢にすべり込めた。もし北緯五十度を越える高緯度地帯だったならば、この遅れは致命的となり、全軍が氷雪の中で自滅しかねなかった。ナポレオンですらそうなったし、アドルフ・ヒトラーもその二の舞いを演じるすれすれにまで追い込まれている。

◆冬将軍の脅威

極寒になる地で作戦する軍隊は、常に冬がいつくるか、冬をどう越すかを考えていないと大変なことになる。すべてが凍りつく戦場では、どう戦うかの前に、将兵一人ひとりがどう生き抜くか、それからして問題だ。雪や氷に囲まれているから、どこでも飲料水が得られると思いがちだ。それは火が焚《た》けての話で、氷や雪を直接口にすれば、体温が奪われて即座に死を招く。火が焚けたとしても、衛生環境に十分な注意を払わなければ、発疹《はっしん》チフスの脅威にさらされる。このあたりが理由で、「北上する軍隊には究極の勝利はない」と語られてきたのだろう。

独ソ戦の始まりとなるバルバロッサ作戦は、一九四一（昭和十六）年六月二十二日、夏至のその日に発動されたことでも有名だ。しかし、ドイツ軍は最初から夏至を狙ったわけではなく、当初の計画では五月十五日に発動とされていたという。ところがバルカン作戦にてこずり、また例年にない春先の豪雨で野戦飛行場の設営が間に合わず、延期を重ねた結果、この日の発動となった。

ヒトラーの心算によれば、ソ連そのものを打倒するに必要な作戦期間は八週間から十週間だった。五月十五日に開戦で、夏至の前後にモスクワ前面で決戦との日程になる。まず鉄道網の中心となるモスクワを占領し、初秋までに北は白海沿岸のアルハンゲリスク、中部のゴーリキー、南はカスピ海沿岸のアストラハンを結ぶＡＡラインまで押し出し、部隊は冬営に入るという計画だったとされる。

作戦発起に五週間の遅れが生じたものの、八週間から十週間でソ連は継戦能力を失うというならば、九月初旬までにモスクワに入ることができるだろうし、越冬の準備も間に合うだろうと考えていた。ソ連の継戦能力を見誤ったことが最大の問題ながら、季節的にも楽観視し過ぎていたことは実際に証明された。

加えて八月末、モスクワを目指して東進していた中央軍集団の先鋒《せんぽう》を、右に旋回させてキエフに向けた。ヒトラー独特の戦争経済理論による誤った措置とされるが、ウクライナから毎年七百万トンの穀物を徴発しなければ、ドイツは戦争を継続できないという切実な理由もあった。結局、モスクワに向けての進撃が再開されたのは、九月三十日になってしまった。

モスクワは北緯五十五度付近の内陸部、十月初旬には雪まじりの秋雨の季節となり、身動きもできない泥濘《でいねい》期をへて、十一月に入ると凍結が始まる。そうなると戦車や機関銃のオイルが凍り、動くに動けず、撃つに撃てなくなる。まさか極寒の季節にまでもつれ込むとは考えていなかったドイツ軍は、まともな冬季用の被服を準備していないから、凍傷患者続出で戦力は激減する。

ドイツ軍が冬季戦の準備を整えていないことを見すましたソ連軍は、モスクワ前面三百キロの戦線に予備の九個軍を叩き付けてきた。一九四一年十二月六日、太平洋戦争開戦の二日前のことだったのは印象的だ。そしてドイツ軍の攻勢は阻止されたばかりか、百三十キロも押し戻され、モスクワは安泰となった。

この年は例年になく早く冬が訪れ、かつ異常な低温を記録した。十二月初旬で零下四十度にもなったというから恐ろしい。いくら寒さに慣れたソ連軍の将兵でも震え上がったことだろう。しかし、ソ連軍には毛皮で裏打ちされた外套《がいとう》、フェルトのオーバーシューズなど暖かい被服が用意されていた。被服は立派な兵器で、固めた足元そのものが機動力なのだ。深刻なまでの季節感を持ち、準備していたかどうかが、戦争の帰趨そのものを決めた。

◆「関特演」の顚末《てんまつ》

季節感なきまま熱に浮かされたように準備を進め、いざという時に冬将軍の影に脅《おび》え、戦争の意思そのものを放棄したケースが、昭和十六（一九四一）年七月四日から日本が始めた「関特演」（関東軍特種演習）だった。当初の話はとにかく大きく、新たに召集する人員五十万人、馬匹十五万頭、徴用船舶九十万トン、帝国陸軍始まって以来の大動員だった。動員、輸送に使った予算は十七億円。この昭和十六年度の一般会計と臨時軍事費特別会計の合計は、百六十五億円だったから、動員規模の大きさがよくわかる。

独ソ開戦は必至との情報が東京に入ったのは、六月六日だった。これは北方問題一挙解決の好機到来だと色めき立ったものの、現実は厳しかった。その頃の極東ソ連軍は、狙撃《そげき》（歩兵）師団三十個と騎兵師団二個を基幹とする七十万人、戦車二千七百両、航空機二千八百機の陣容と推定されていた。これに対して北に向いている日本軍は、関東軍に十二個師団、朝鮮軍に二個師団、計三十五万人と劣勢で、進攻作戦など思いもよらない。

とはいえ、「できません」とは口にしたくない日本陸軍は、自分に都合よく考えることにした。ナチス・ドイツ軍に圧迫されたソ連軍は、極東にある部隊を西送するはずだ。師団の半分、戦車と航空機の三分の二が西送されればチャンスが生まれ、二十二個師団を投入すれば進攻作戦は可能だろう。これを柿が熟して落ちるのを待つという意味で、「熟柿主義」と呼ばれた。これに対して、ソ連軍の西送が思うように進まなくとも、二十五個師団を用意して開戦に踏み切る構想もあった。柿はまだ渋いが、木を揺すってでも落とす意で、「青柿主義」と称された。

具体的な作戦構想は、研究に研究を重ね、完璧ともいえる域に達していた。すなわち東《とう》寧《ねい》を中心とする東正面で百キロ押し出し、旧東支鉄道（北満線、中東鉄路）からの支線とシベリア鉄道の本線とが合流するウォロシーロフ（現在のウスリースク）付近で決戦をする。そして長年にわたって東京空襲の脅威を及ぼしてきた沿海州の航空基地群を覆滅し、ウラジオストク要塞《ようさい》を攻略する。北正面では、満州国の最北端、漠河《ばくが》の北、ルフロウでシベリア鉄道を遮断するというものだ。

　さて六月二十二日、独ソ開戦となったが、極東ソ連軍の西送は思いのほか進まない。開戦一週間で狙撃師団三個ほどが西送されたに過ぎない。そこで「まだ待て、熟柿だ」「すぐに西送が本格化する、青柿だ」と論議の末、ともあれ準備だけは整えておこうとなった。ひとまず北向きの兵力を十四個師団から十六個師団基幹とし、それを戦時編制に強化し、さらに重砲や補給の軍直轄部隊を送り込み、作戦資材を前送することとした。これが「関特演」で、動員が下令されたのは七月七日、集中輸送が始まったのは七月二十三日だった。

　満州から打って出る関東軍は、まさに北上する軍隊だ。十月中旬までに作戦を終えて越冬態勢に入らなければならない。この冬将軍の到来から逆算すると、開戦は八月二十九日、開戦の決意は八月十日までに下すこととなる。その間にソ連軍の西送が本格化するかもしれないという、あなたまかせの戦略だった。

　ところが七月二十五日にアメリカは日本の在米資産を凍結し、二十八日には日本軍の南部仏印進駐、八月一日にアメリカは対日石油禁輸と南方が先に動いてしまった。結局、八月九日に年内の対ソ戦発動は断念することとなった。これを確認したソ連軍は、極東から二十個師団を西送し、モスクワ前面に投入したとされる。

なんとも情けない結末だが、他力本願の当然の帰結といえる。作戦計画は細部まで詰めている、日本の動員速度は早い、展開地域までの交通網は整備されていると速戦即決の条件はそろっているにしろ、六月上旬にうまい話を聞いてから動き出して、十月中旬までに決着を付けるとは、ドロ縄にもならない。そもそもは、まったく季節感がないところに問題があったといえよう。

◆渡海作戦での障害

南下する軍隊にとって季節は、北上する軍隊ほどの制約事項にはならない。どこから、どこまで南下するかにもよるが、冬将軍の脅威はどんどん薄れる。また低緯度地帯になるに従い、季節による昼夜の時間差は小さくなるから、夏至の前後にこだわらなくてもよい。

昭和十六（一九四一）年、日本の海軍は「新高山《ニイタカヤマ》ノボレ」、陸軍は「日《ヒ》ノ出《デ》ハ山形《ヤマガタ》」と全軍に発信して、十二月八日に太平洋戦争の戦端を開いた。十二月の開戦は珍しい例だと思うが、南下作戦であったから納得はできる。また、日米交渉の進み具合でおおむね期日が決まり、上陸作戦や航空作戦に適した下弦の月の明るさも加味した結果だった。

開戦に踏み切るにあたって、どのようなスケジュールを立てていたのか興味が湧く。おそらく昭和十六年八月二十三日に行なわれた「南方作戦兵棋《へいぎ》」での席上と思うが、参謀本部第二課（作戦課）の兵站《へいたん》班長であった辻政信は、このように説明したそうだ。

「明治節（十一月三日、明治天皇の誕生日、現在の文化の日）に開戦の聖断が下れば、香港は二週間以内（おそらく十一月二十三日の新嘗祭《にいなめさい》、現在の勤労感謝の日が念頭にあったのだろう）に、マニラは元旦に、シンガポールは紀元節（二月十一日、現在の建国記念の日）までに、ジャワは陸軍記念日（三月十日）に、ラングーン（現・ヤンゴン）は天長節（四月二十九日、昭和天皇の誕生日、現在の昭和の日）までに陥落するでしょう」

どこの国でも、その国が重んじる記念日に合わせて作戦を立案することはよくある。しかし、ここまで祝祭日にこだわるとは恐れ入る。崇敬の念が篤いことは認めるが、冷静な計画性があったのかと疑いたくなる。こちらの都合ばかりというのも問題であるし、とにかく季節感がうかがえない。

北回帰線まで下がれば冬将軍はいない。しかし、それに代わってモンスーンと「雨将軍」が控えている。モンスーン、まさに季節の問題だが、日本の陸海軍はこれをどれほど考慮に入れて渡海作戦を行なったのだろうか。

北からハワイに向かう航路やマレー半島に面する南シナ海は、十二月に入ると低気圧が張り出して海が荒れる。それを考慮して、十二月初旬にすべり込んだとされる。この期日設定は、思いがけない効果を生んだ。英海軍は、十二月に入ると南シナ海が荒れ出して、海浜に向かっての上陸は無理だと判断し、警戒を緩めていたそうだ。

相手の判断はともかく、日本陸海軍はモンスーンの合間をぬうことができて、上陸作戦は海象に恵まれたのか。緒戦の勝利の陰に隠れて、この点はあまり考察されていない。

南方攻略部隊の主力、シンガポールを目指した第二十五軍は、開戦当日にマレー半島の八カ所に上陸した。どこも風浪に悩まされている。特にもっとも南、すでにマレー領のコタバルに上陸した第十八師団の佗美《たくみ》支隊は大変だった。激浪の中、輸送船から上陸用舟艇を海面に下ろし、なんとか兵員が移乗したものの、磯波にもまれて三割もの舟艇が転覆して将兵は海に投げ出された。

十二月十日、フィリピン攻略の第十四軍の先遣隊が、ルソン島の最北端アパリに上陸した。この時も波浪に阻まれて上陸が遅れ、夜が明けてしまい空襲される羽目になった。第十四軍主力は十二月二十二日、リンガエン湾に上陸したが、ここでもまた荒天に遭って揚陸作業が遅れ、空襲されている。

悲惨だったのは、海軍によるウェーク島上陸だった。十二月十日未明、第四艦隊はウェーク島に突っ込んだが、これまた波浪に妨げられて右往左往しているところを空襲されて駆逐艦二隻を失い、上陸に失敗した。態勢を整えて二十日に再度上陸を試みたが、またもや波浪で上陸用舟艇が下ろせない。そこで哨戒《しょうかい》艇二隻を座礁させて、ようやく部隊を上陸させることができるほど散々な目に遭った。

◆熱帯を支配する雨将軍

陸上においてモンスーンといえば、降雨が大きな問題となる。降雨そのものは天候であって、交戦双方にとって公平だ。敵の方だけ雨で、こちらは晴天、その逆も滅多にない。とはいえ、降雨が連続する、すなわち雨期となると季節の問題で、これは作戦を考える場合に重要な要素になる。

火縄銃の時代でもあるまいし、現代の軍隊は雨など克服した、と考えるのは大きな間違いだ。降雨は視界を妨げ、弾着の観測がむずかしくなるため火力の発揮が制約される。雲底が低くなるため、航空支援が困難になる。そして降雨は、機動を大きく妨げる。舗装された道路があっても雨が降ると車両の速度は落ちる。まして未舗装の道路は、泥田と化して動けなくなる。さらには豪雨で橋梁《きょうりょう》は流される、山は崩れるとなると、戦闘どころの騒ぎではなくなってくる。

将兵一人ひとりにも大きく影響する。弾薬を壊して装薬や爆薬を取り出して使わないと火もおこせない。それはコメが炊《た》けないことを意味し、また生水を飲むことにもなる。そもそもヘルメットの縁から水が流れ落ちるのを見ているだけでも、士気が阻喪する。だから雨期には作戦を避けるといった季節感が求められる。

日本の梅雨ほどでも、作戦の支障になるのだから、南方の多雨地帯となると大変なことになりかねない。例えば昭和十九（一九四四）年のインパール作戦がある。このビルマ（現・ミャンマー）とインドの国境地帯は、世界的な多雨地帯だ。五月中旬から九月中旬までモンスーンが荒れ狂い、年間降水量は二万ミリにも達するという。しかも、満足な道路もない山岳地帯で、マラリアがはびこる瘴癘《しょうれい》の地だ。雨期でなくとも、大軍の作戦は無理なのだ。

しかし、この正面を担当する第十五軍司令官の牟田口廉也《むたぐちれんや》は、ビルマの防衛態勢を万全にするためにはインド領内への進攻が必要だとした。あんな山岳地帯に入り込むのは、兵站の問題もさることながら、雨将軍に捕まったら大変だと、おもだった指揮官や幕僚は難色を示した。しかし、牟田口はそんな声に耳を傾けなかった。昭和十九年一月上旬に作戦を開始すれば、雨期の前に決着が付けられると自説を押し通した。ところが部隊の集中、展開が遅れ、作戦発起の命令が下達されたのは二月十一日（紀元節）、各部隊が行動を起こしたのは三月八日からとなった。

雨期まであと十週間、それまでにインパール、コヒマを取らなければならない。進攻部隊は四週間ほどで五百キロもの山道を徒歩だけで克服し、四月中旬までにインパールを包囲する態勢にこぎつけた。そこで英軍の抵抗に遭い、戦線は膠着《こうちゃく》し、ついに雨将軍に捕まった。豪雨の中、戦況を好転させる策もない日本軍は、七月十日に作戦中止、第十五軍は総退却となった。

悲惨だったのはそれからだった。乾期の進攻時には、またいで渡れた小川も激流と化している。それなのに満足な渡河資材は皆無。補給線は途絶し、コメ一粒も送られてこない。平野部まで下がっても、道路は泥濘で車があっても走れない。そんな中、マラリアやアメーバ赤痢に罹《かか》った将兵が雨に打たれながら歩く。こうして第十五軍の将兵十万人のうち五万人が陣没した。季節感の欠如がもたらした悲劇というほかはない。

◆農事カレンダーを知る意味

ここまでは、作戦や戦闘の場面において求められる季節感について考えてみた。さらに軍事戦略、国家戦略といった高いレベルにおいては、より深刻な季節感が求められる。この季節という概念は、農業をするうえで必要だから定着した。国家としての戦略の基本は、国民を食べさせること、すなわち「農は国の大本」だから、そこには当然、十二分な季節感があるはずだ。

戦争ともなれば、自国民ばかりでなく、捕虜から占領地の敵国民まで食べさせなければならない。それができないと、資格もない連中が戦争を仕出かしたと長く批判される。そこで自国はもちろん、相手国の農事カレンダーを念頭に置いておく必要がある。

戦前の日本は、農業主体の国だったが、長らく主食のコメを自給できなかった。戦前の昭和期、内地産米は年平均九百五十万トンで、二百万トンが不足しており、朝鮮半島や台湾から移入して需給バランスをとっていた。ちなみに日本がコメを自給できるようになったのは、昭和五十三年からだ。

国内がそんな状況であったし、補給力の問題からしても、いざ外征となれば「敵に糧《かて》を求める」しかない。それならば作戦地域の農事カレンダーなど食糧事情が頭に入っているはずだが、実はそうではなかった。

昭和十二（一九三七）年十二月、日本軍は上海付近での激戦の後、南京に向けて進撃した。退却する中国軍によって目ぼしいものは徴発し尽くされており、そのあとを追う日本軍の手に入るものといえば、畑に残る白菜だけだった。生の白菜をかじりながらの強行軍、これでは将兵の心が荒《すさ》むのも無理はないし、捕虜を適切に扱えない。その結果が、今もあれこれ語られる南京事件だった。

昭和十九（一九四四）年の夏、後述する一号作戦（三六ページ以下）の後段、桂林や柳州を目指す湘桂《しょうけい》作戦中のことだ。満目《まんもく》緑の田畑が広がるが、イネは穂すら出していない。食糧を現地調達しようにも、住民は皆避難しており、入手の策がない。結局、口にできるものは路傍のカボチャだけ。それも先行する部隊は手にすることができるが、後続する部隊はそれすら食べられない。入念に練ったはずの作戦でもこの有り様だ。

食糧の問題は、将兵を食べさせるという基本的なことから、戦争の目的そのものの成否にまで関係する。昭和六（一九三一）年の満州事変は、九月十八日に日本側が謀略を仕掛けて始まった。一晩で奉天を制圧、たちまち満州全土を確保して満州国を建国した。そのお手並みは見事の一言、計画を立案したとされる関東軍の作戦主任、石原莞爾《かんじ》の盛名は、今に語り継がれることとなった。

満州事変勃発《ぼっぱつ》時、満州には中国軍（張学良《ちょうがくりょう》軍）約十四万人があったとされる。それを日本の関東軍約一万人で撃破した。では、中国軍の敗残兵はどうなったのか。この問題は、戦後の東京裁判でも追及された。日本側の説明があまりにアジア的だったためか、連合国側は理解できず、結局はうやむやに終わった。

戦争捕虜として登録のうえ、収容所に入れ、一段落してから敵対行為はしないと宣誓させて解放したわけではない。むろん皆殺しにしたのでもない。日本側の証言によれば、「潰散《かいさん》」すなわち「潰乱《かいらん》して、逃散《ちょうさん》したのだ」という。ようするにクモの子を散らすように逃げてしまったということだった。

では、どこに逃散したのか。十月初旬までに収穫を終えて、一年でもっとも豊かな時期の村落に逃げ込んだのだ。そしてこの敗残兵の多くは、春になってから元の稼業に戻る。いわゆる馬賊、匪賊《ひぞく》のたぐい。これがアジアの戦争の実態だが、欧米の人にはまず理解できない。

非常にまずいことに、寝込みを襲われ、生業《なりわい》を奪われた張学良軍の敗残兵は、反日、反帝国主義の旗を掲げ、東北抗日連軍などに組織された。日本軍は、この抗日ゲリラの掃討にてこずり、結局は治安が完全に回復しないまま昭和二十年八月の終戦を迎えたのが実情だった。その抗日ゲリラの一員に北朝鮮の国家主席となった金日成《キムイルソン》がいたのだから、今日なお尾を引く問題なのだ。

アジアを知り、満州の農事カレンダーが頭に入っている人ならば、九月には火をつけない。これが春先だったならば、事情は一変する。端境期《はざかいき》を迎える農村には、よそ者を受け入れる余裕はない。そこで敗残兵は、都市部に寄生するほかない。そうなれば治安当局の目も届き、上手くやれば満州国が新たに編成した軍や警察などに吸収することもできたはずだ。長年にわたって「支那屋」と呼ばれる中国通を育ててきた日本陸軍が、どうしてこの理屈がわからず、季節感を欠いた不手際を演じたのか、不可解でならない。

農事カレンダーを読み間違えると、戦略的な奇襲すら受けかねない。一九五〇（昭和二十五）年六月二十五日に突発した朝鮮戦争がその好例だろう。韓国は侵攻などされないと安心しきっていたから奇襲されたのではない。韓国軍当局は、北朝鮮軍の急成長ぶりを承知しており、侵攻される可能性があると緊張し続けていた。

韓国軍としては、北朝鮮の食糧事情が厳しいこと、また補給能力から見て韓国領内の食糧をあてにして侵攻するだろうと判断していた。そうなるとコメの刈り取りが終わる九月下旬が危ない、また田植えが終わる六月上旬も要注意となる。それが平穏に過ぎてふと気を抜いた六月二十五日、北朝鮮軍は一斉に三十八度線を越えた。

食糧事情に着目した韓国軍の判断は、半分は正しかった。しかし、あとの半分、ムギを忘れていたから奇襲された。北朝鮮はコメの田植えを終えてムギを刈り取り、さらに南のムギの収穫をあてにして侵攻に踏み切ったのだった。

◆見えざる究極兵器

敵意が燃え盛り、収拾がつかないような戦闘が続いていたのに、突然、戦争そのものが終息するようなケースが古い戦史に散見できる。無益な流血を悔い改めたのかと思えばそうではなく、両軍に伝染病が蔓延《まんえん》して戦争を継続する力を失ったケースが多かった。こんな話は五百年、六百年の昔に限ったことではない。ロシアに攻め込んだナポレオン軍の三分の二は、発疹チフスに倒れたとの推定もある。

医学、医療が劇的に進歩した二十世紀に入っても、とかく衛生状態が悪くなる野戦軍の状況はそれほど変わらなかった。抗生物質や強力な殺虫剤が普及していなかった時代は大変で、現在ですら地域によっては、伝染病は克服しがたい障害になっている。発疹チフスは冬、マラリアは夏と、伝染病にも季節があるので、それをぬって作戦する着意が求められる。

昭和十八（一九四三）年の夏に入ると、中国に展開する米航空部隊が増強されて、揚子《ようす》江《こう》の水運にまで脅威が及び、華中が孤立する可能性すら出てきた。また中国から日本本土空襲が可能なB29爆撃機の情報も入ってきた。さらにアメリカの対中援助が本格化しつつあり、中国軍も増強の一途をたどっていた。そこで立案されたのが一号作戦で、敵航空基地の覆滅、大陸縦貫鉄道の打通（攻撃して通行を可能にすること）、中国軍を痛撃してその継戦意思を破砕、この三点を目的とした。

これが大陸打通作戦と俗称されるもので、黄河の北岸から発進し、揚子江を渡り、桂林や柳州の航空基地を覆滅し、さらにベトナムまで南下して南方軍と連携するという構想だった。敵中の約二千キロを突破するという帝国陸軍始まって以来の大作戦となる。

これだけの規模の作戦になると、有利な季節をぬいながらというわけにはいかない。冬の終わりを告げる二月から三月の長雨、五月中旬から六月の田植えシーズンの雨、これが上がると電線の雀がそのまま焼き鳥になるとまでいわれた酷暑、そして九月下旬からの秋雨、この障害のどれかに引っ掛かる。まず、降雨は大きな障害になると覚悟したが、米航空部隊の行動も阻害するから相殺できると計算された。

さてもっとも困難な状況に陥りかねないのは、揚子江以南で作戦する第十一軍だった。

図版2　1号作戦全般経過

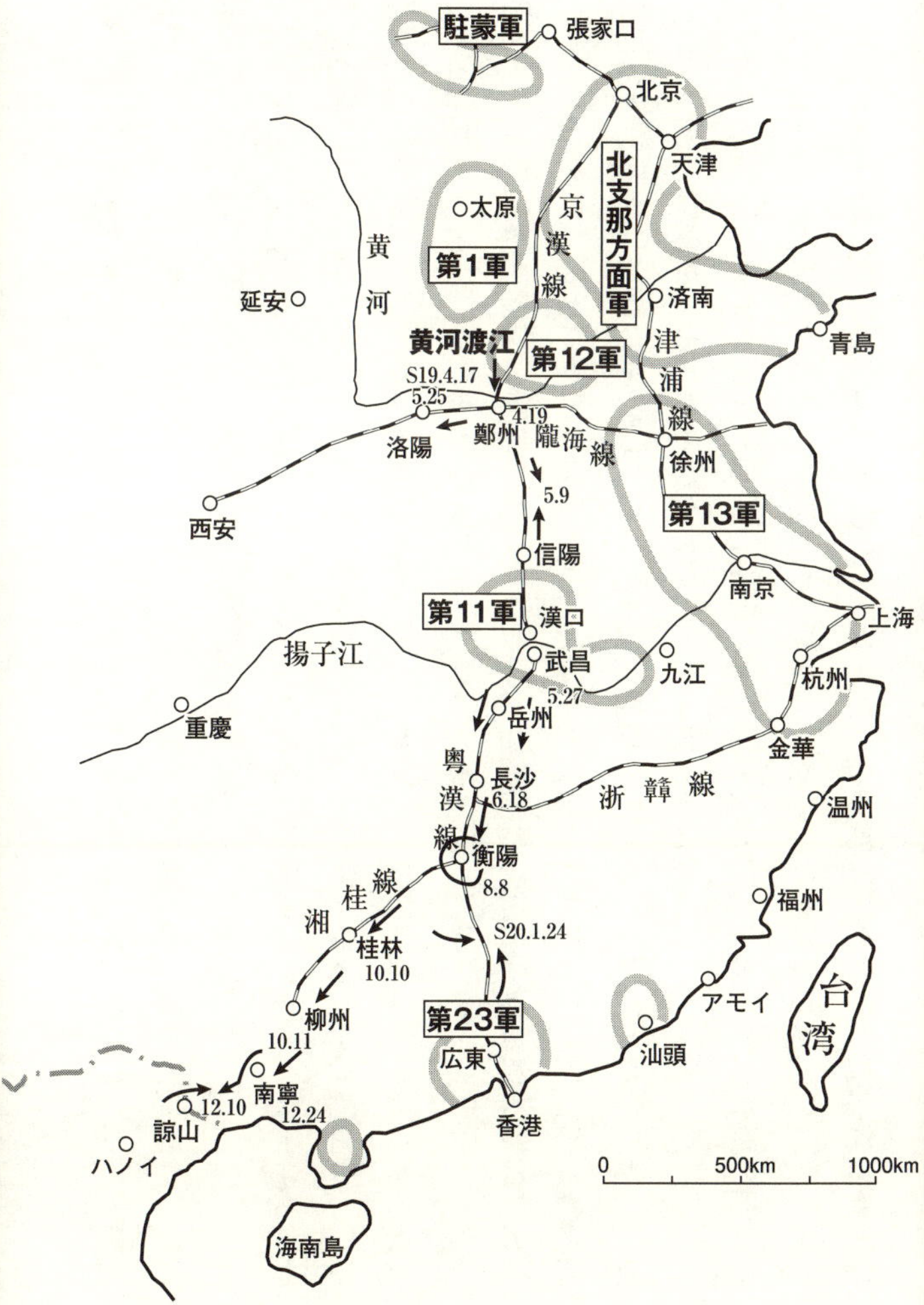

作戦発起は昭和十九年五月下旬とされ、夏期を中心に行動しなければならない。作戦構想を伝えられた軍医ら衛生関係者は、口をそろえて「古来から湖南省以南で大軍が動いたことはない。まして夏には……。その理由は先刻ご承知だろう」と警告した。

ここはあらゆる伝染病の蔓延地帯で、マラリアなど風邪程度、コレラやペストすら珍しい病気ではないというのだから恐ろしい。大陸ではどこでも生水厳禁だが、酷暑でつい田畑の水も口にする。たちまちアメーバ赤痢に罹《かか》る。戦闘どころの話ではない。だから抵抗力のある現地の中国人でも、昔からこの一帯で大きな戦争をしなかったのだ。

昭和十八年度、華中戦線で準備されていた収容、加療態勢で対応できる患者数は二万二千人だった。それではとても足りない。華北には一万六千人、満州には一万二千人の患者収療能力があるから、これを引き抜いて華中、華南戦線に送らなければならないが、やれるかどうかの大仕事だ。それができたとしても、なお不安は残る。

この一号作戦は、長らく参謀本部第二課長（作戦課長）を務め、英才の名が高い服部卓《はっとりたく》四郎《しろう》が主唱したものだった。そんな実力者の着想に文句を付けるには勇気がいるし、それでなくとも発言力の弱い衛生関係者の声は、なかなか中央部に届かない。揚子江以南で作戦する第十一軍の三十六万人は、エイヤーッと目をつぶって病魔の中に踏み込むしかなかった。当初の予測では、作戦二ヵ月で戦病者三万人が生じるとされた。収療可能数の上限に合わせたとも見られる数字だ。

第十一軍は、昭和十九年五月二十七日（海軍記念日）に作戦を発起し、それから二ヵ月間で戦死者約四千人、戦傷者約八千人、戦病者約七千人を出した。戦病者は予想の四分の一程度に収まり、コレラ患者は一部に出たが、恐れていたペストはなかった。衛生関係者は胸をなで下ろしたことだろう。

しかし、この数字は野戦病院、兵站病院に収容された患者が主で、マラリアやアメーバ赤痢でフラフラしながらも部隊を離れずに歩いていた将兵は、この数倍に達していたはずだ。それでも作戦を遂行した当時の日本軍を称賛すべきなのか、それとも深刻に反省すべきなのか、考えさせられるところではないだろうか。

昭和十九年末から広東の北、粤漢線《えつかん》南部で作戦を展開した第二十軍は、大変な事態に見舞われた。三ヵ月間の人員の損害は戦史叢書《そうしょ》によると、戦死者七百人、戦傷者千二百人、戦病者一万七千人、うち戦病死者は千五百人となっている。当時の第二十軍は約九万人だから、病気に罹った者は二〇パーセントに近い。このように伝染病は、敵の銃弾や爆弾よりも怖いのだ。その蔓延を防ぐ方策はなかったにしろ、流行する季節を避けることはできたはずなのにと思う。

◆手仕舞いにする季節

一九四三（昭和十八）年一月のカサブランカ会談で、連合国は枢軸国の無条件降伏しか受け入れないとした。これは野蛮な絶滅戦争を意味すると受け止められ、枢軸国は適当なところで降伏することができなくなった。しかし、それでもいつかは手を上げざるを得ない。その場合、なにより国民の犠牲を最小限にするため、為政者に深刻な季節感が求められる。

ナチス・ドイツは、首都ベルリンで市街戦を演じるまでして、一九四五年五月七日まで粘った。戦況がそう進展したからだといえばそれまでだ。しかし、なんとか五月まで頑張ろうという気持ちがドイツ軍にあったことも見逃せない。一月末にソ連軍がオーデル川に到達した時、連合軍がライン川を突破した三月、ドイツ軍はこのあたりで手仕舞いにすると考えるのが普通だろう。にもかかわらず抗戦を続けた。無意味に見えるが、実は大きな意味があった。

五月一日のメーデー、ドイツでいうマイ・フェストまでは、手を上げられないのだ。ベルリンは北緯五十二度、これほど高緯度になると春の訪れはようやく五月、だからメーデーを祝う。冬の間に降伏すると、政府諸機関の保護を失った避難民が大変なことになるのを、戦慣《いくさ》れした中部ヨーロッパの人はよく知っている。

第二次世界大戦が終結してから、どんなことが中部ヨーロッパで起きたのか。オーデル川とナイセ川以東のドイツ領はソ連とポーランドの領土となり、千四百万人のドイツ人が故郷を追われて西に移動した。うち二百十万人が行くあてもない旅の途中で死亡したとされる。この民族大移動が夏に行なわれたから、この程度の犠牲で済んだが、もし冬であったならば全滅という事態もあり得た。

なぜ冬が恐ろしいのか。寒さだけではない。雪や氷はあるが水はないので、洗濯や水浴がむずかしい。着ぶくれしているし、清潔な着替えがない。不潔な衣服はシラミの格好な棲処《すみか》となり、発疹チフスを媒介する。日本でチフスといえば、腸チフス、パラチフスとなるが、世界的には発疹チフスが恐れられている。発疹チフスの別称は「戦争熱」、古来から争乱に付き物なのだ。倒れた避難民のほとんどは、この発疹チフスにやられた。

さて日本は、同盟国を失ってただ一国となってからも世界を相手に三カ月以上も戦い続け、八月十四日にポツダム宣言を受諾した。遅きに失した感が強い。もっと早く手を上げていれば、広島、長崎の悲劇もなく、ソ連の参戦もなかったと詮ない繰り言を語っているのではない。国民の保護、円滑な戦後処理という問題を真剣に考えれば、八月に降伏するという季節感のないことはしないと言いたいのだ。

日本は最後の動員を、内地で昭和二十年五月、満州で七月に実施した。この二百四十万人にも及ぶ「根こそぎ動員」で、日本の動員率は一一・四七パーセントに達した（ちなみに第二次世界大戦中の各国の動員率は、ドイツ一四・五七パーセント、ソ連一一・三三パーセント、アメリカ七・六二パーセント）。この最後の力を振り絞ったことによって、まったく機械化されていない食糧生産は大打撃を被った。

大正に入ってから日本内地のコメの作付け面積は、三百万ヘクタール台で推移していた。ところが昭和十九年に三百万ヘクタールを割り込み、昭和二十年には二百八十七万ヘクタールに落ち込んだ。普通に作付けしていても、年間コメ二百万トンも不足していたのだ。昭和期で最大の凶作年は昭和九年度で、収穫量は七百七十八万トンだったが、昭和二十年度は確実にこれを下回ると見られた（昭和二十年度の実績は五百八十七万トンに止《とど》まった）。本来ならば、収穫量の予測が出た時点で手仕舞いにすべきだった。

昭和二十年六月八日の御前会議報告第一号には、悲痛な叫びが記録されている。大陸からの糧穀、食塩が計画通りに移入できたとしても、最低の糧穀と生理的に必要最小限度の塩分を摂取し得る程度と覚悟しなければならないとされた。さらには、局地的ながら飢餓《きが》状態も現れるだろうし、来年度はさらに悪化すると予想している。八月に入ると冷夏が確認され、事態はさらに深刻なものとなり、収穫中のジャガイモをもう一度植え付けるよう指示を出したと、農相が閣議の席で語るまでになった。

本年度、そして来年の食糧のことを考える、これはまさに季節感があるかどうかが確かめられていることだ。そして在外邦人六百六十万人の復員、引き揚げを考えるにも季節感が求められる。

特に冬の到来が早く、かつ厳しい満州の在留邦人百五十五万人の引き揚げは、ソ連軍の進攻がなかったとしても大変な問題だった。ハルビンなど北部満州では、十月に入ると降雪を見て、すぐに零下三十度の世界となる。それを考えると、八月十五日終戦は遅すぎた。なんとか難民収容所にたどり着けても、待ち構えていたのは発疹チフスだった。

満州からの引き揚げの過程で、邦人十六万人が死亡したと記録されている。その多くが発疹チフスで倒れたのだ。繰り言になるにせよ、もし春先に手仕舞いとし、夏の間に港湾地域への移動を終えていればと思う。もちろん引き揚げの船舶のやり繰りがつかず、翌年春に乗船、帰国とはなったろうが、いくらかでも態勢を整えて越冬できれば、いくばくかは悲劇を避けられたのではないだろうか。

◆「兵農分離」と官僚制度

どうして日本人は、季節感を欠いた戦争をするのかと考えると、その根は深い。おそらく、十六世紀に始まる「兵農分離」に遠因を求めるのが妥当と思う。これで軍事は武士階層の専管事項となり、農民はパートタイムの軍役から解放されたが、刀狩りという形で武装解除された。安全保障の問題は、年貢を差し出す武士に一切任す。武士は生産活動を農工商の階層に丸投げした。

世界に先駆けた軍事と生産活動の分離は、専門性や即応性が高い軍隊を生んだ。しかし、武士は農業に関心を持たなくなった。それはまず季節感の喪失を意味した。コメは農民が作ってくれるもの、自分が額に汗して作るものでないから、食べること自体を軽んずる。多少ニュアンスは違うが、「武士は食わねど高楊枝」といった雰囲気だ。コメが足りないならば、隣の国に押し入って取ってくればよいぐらいの感覚だったろう。

慶応三（一八六七）年十二月の王政復古によって、「兵馬の権」（統帥権）は天皇の手に戻った。そして明治維新で「四民平等」の社会となり、明治五（一八七二）年十一月に徴兵の詔書となる。これで国民すべてが兵役の義務を負い、また国防に参画する権利を得た。当時、国民の八割近くが農民であったから、これで失われていた大地に密着する季節感が武装集団に流れ込んできたはずだった。また昭和に入ってからでも、陸軍士官学校を卒業した正規将校の三割から四割は農村出身だった。それからも季節感や農事カレンダーが軍隊の中で定着したはずと思うが、これまで述べてきたように実情はそうではなかった。

四季のうつろいが明瞭な農村で培ってきた季節感が、どうして失われたのか。その原因は官僚制度にある。官僚の世界を支配する会計年度、三月三十一日を年度末、四月一日を年度初めとする極めて人為的な制度だ（明治十九年度から）。軍人といっても平時は官僚の一員だから、この制度に縛られ、いつの間にか彼らの一年を支配するようになった。

戦争になっても、その感覚が抜けない。日華事変の年表を追えば、なぜか大きな作戦は四月から準備を進めるケースが目に付く。前年の十二月に国会を召集し、次年度予算を審議して議決し、四月一日から新予算の執行——これに合わせている。平時の軍事行政ならばよいとしても、相手のある戦争もこれでやるとなると勝利は遠のく。この予算執行制度もより精緻《せいち》になった今日、これを有事において臨機応変に運用できるのか、そこが日本の安全保障を考える出発点となるだろう。

第二章　社会階層を否定した軍隊

◆人を殴る国、殴らない国

徴兵制の国、志願制の国、いずれを問わず、反軍思潮は根強くある。戦争を忌避する反戦思潮は当然のことで、誰もが了解しなければならないことだ。しかし、自分達を守る自分達の軍隊を冷たく見るとは、理屈のうえでは不可解の一言につきる。「戦争すなわち軍隊だ」と短絡した思考の結果かといえば、そういうことでもない。

江戸時代の遺風で、士族は一段上の階層と見られた戦前の日本でも、反軍思潮は色濃くあった。徴兵検査で甲種合格して入営したり、召集されて出征ともなれば、町内あげてののぼりを掲げて日の丸を振り、歓呼の声で送り出していた。あれこそ、軍国日本の象徴的な光景とされている。ところがその裏で、「徴兵は懲役と一字違い」とか「軍隊は高等監獄」とも公然と語られていた。

それどころか、兵役をどう逃れるかのハウツー本も出版されていた。ほぼ確実に入営することとなる甲種合格にならないようにとの祈願を受け付けて、お札まで売る神社もあった。厳しい戦前のことだから、すぐさま特高（特別高等警察）や憲兵が取り締まるかと思いきや、満州事変の頃までは、官憲も見て見ぬふりをしていた。

なぜ軍隊が忌避されるかといえば、各国共通して、新兵時代に理不尽な扱いを受けたからということにつきる。わけもなく殴られた、蹴《け》られた、口にもできないようなことをされたということだ。しかも連帯責任とか理由を付けて、落ち度のない者まで殴られた、軍隊とはとんでもない所だというわけだ。

暴力を振るうということでは、陽気で明るく見える米軍も例外ではない。プッシュアップ（腕立て伏せ）は米軍ならではの体罰だが、それだけという生易《なまやさ》しい世界ではない。特に長年、志願制の海兵隊の凄《すさ》まじさは有名だ。志願してきたのだから、手荒くされても文句は言うなという契約社会の表れか。それにしても酷い話ばかりだ。泳げない者まで沼に飛び込ませて多数を溺死《できし》させたり、格闘訓練中に教官が新兵を撲殺した事件もあった。射場で大ミスした懲罰として、遊底に舌を差し込ませてはじくということまでやる。軍隊にはいわゆる民主主義はないと公言し、リンチ（私刑）の本場アメリカならではにしろ、それを売り物にする面もあるのだから言葉を失う。

ロシアになった今もそうだろうが、旧ソ連軍は目茶苦茶だった。その極めつけは、新兵に塹壕《ざんごう》を掘らせる。一定時間後、その一帯に戦車を走らせる。深く、堅固な塹壕を掘らないと、キャタピラで踏み殺されかねない。これが独ソ戦以来の伝統で、「戦車のアイロンをかける」と称していた。

徴集した兵員の教育程度が低く、さらには多民族となると、口でいってもわからないから、暴力に訴えて体に覚えさせるということもあるだろう。ところが将兵全員が高校卒以上、大学卒が主体という高学歴を誇り、単一民族からなる韓国軍でも人を殴る。それもビンタ、キハップ（気合い）と旧日本軍の用語がそのまま残っていることには、複雑な思いをさせられる。

各国共通とはいったが、こんなことにも例外はある。漢民族の軍隊では、少なくとも大勢の前で人の顔を殴ることはしない。いわゆる気合いを入れたり、注意を促す場合は、胸を張らせてそこを拳で叩く形をとる。では、漢民族は人を殴らないかといえばそうではない。台湾の国会の映像を見ていると、女性議員までが勇ましく殴り合いを演じている。

それが軍隊になると、なぜ殴らないのか。漢民族の習俗では、大勢の前に引き出され、無抵抗の状態で顔を殴られることは「面子《メンツ》丸潰《つぶ》れ」を意味し、相手を殺すか、自分が死ぬかの大問題となる。軍隊には武器があるから、殴るのも命懸けとなって手を上げられない。満州国軍に入った日本人の軍官（将校）の中には、これを知らずに中国系の部下を殴り、その恨みで夜にブスリとやられたり、背後から撃たれたケースも少なからずあった。

◆訓練としての暴力装置

軍隊で表面に出る暴力のほとんどは、言葉の暴力も含めて練成の一環、訓練そのものといってよいだろう。新兵に対しては、いわゆる「娑婆気《しやばけ》を抜く」という目的がある。それまでの生活を忘れさせ、軍隊という未知の世界に適応させるためのショック療法ということだ。嘴《くちばし》の黄色い若造を、軍隊を知りつくした鬼軍曹が怒鳴りつけ、しごくという映画のシーンだ。

米軍では、新兵訓練をＤＩ（ドリル・インストラクター）やＤＳ（ドリル・サージャント）と呼ばれる下士官に一任する。旧日本軍では任官したての少尉が教官になるものの、その下に数人の下士官が助教として付くから、新兵訓練は実質的には下士官の職務となる。将校が責任者になってやるにしろ、下士官主体でやるにしろ、軍隊の命脈である階級の上下を根拠とする、管理された秩序ある暴力の行使だといえよう。

さらに訓練が進むと、練度向上を促す叱咤《しった》激励や注意喚起の罵声《ばせい》と暴力の発動になる。ともかく射撃や爆破など、日常生活とはかけ離れたことをやるのだから、怒号が飛び交うのも無理はない。また危険物を扱うのだから、口だけでは間に合わず、コツンとやるのも自然なことだ。また部隊はチームで動くもので、一人の不手際は全体の危険をもたらすから、それを体感させるため連帯責任となる。

旧日本海軍で有名な「海軍精神注入棒」なる棍棒《こんぼう》による殴打は、肯定的に見ればこの訓練の一環といえる。殴られてもダメージが小さい尻を一撃するのはその表れだ。これを見た陸軍の将校は、「海軍は野蛮だ。制度として下士官に兵隊を殴らせている」と批判したという。訓練として人を殴ることを陸軍から見れば、階級の上下から生まれる権限の乱用と受け止めたのだろう。船酔いでもどしたものを、船酔いの薬だと無理やり口に押し込むことも、陸軍の目から見れば、野蛮極まりないものに映る。

このような訓練としての暴力の行使は、暴力を振るわれる側にそれほどの恨みを残さなかったようだ。若者ならば普通、より強い男になりたがる。強い男になる修業だとなれば、耐えられるし、あとになればよい経験だったと思える。「男の中の男（マンリー・マン）になりたくないのか」と発破をかけられれば、少々痛くても我慢できるし、プライドも傷つかない。事実、「あれがなければ戦場で死んでいた」「戦後の仕事に役立った」と感謝の言葉を漏らす人も多い。

そのようなことからか、旧海軍の人は海軍の組織そのものへの恨み言を口にしない傾向がある。もちろん、それも程度の問題だ。日本海軍は、大型艦艇だけでも「三笠」「松島」「筑波《つくば》」「河内《かわち》」「陸奥《むつ》」を事故によって爆沈させている。ほとんど原因は不明とされているが、凄まじい虐待に耐え切れず、船を道連れに自殺したのではないかと囁《ささや》かれているケースもある。

陸軍の場合、こうした訓練の一環としての暴力だったといえないケースが多い。階級を無視し、管理されていない恣意《しい》による暴力、目的が明確でない暴力、すなわち私的制裁が蔓延《まんえん》していたから、あれこれ語り継がれ、その結果として「あんな理不尽な所はない」と反軍思潮が生まれてしまった。それが今日まで尾を引いている。

◆兵営を支配する「メンコの数」

日本の陸海軍は、ほぼ全期間を通じて日本民族だけで構成されていた。朝鮮半島で陸軍特別志願兵令が施行されたのは昭和十三（一九三八）年、兵役法が改正されて朝鮮籍の者が徴集されるようになったのは昭和十九年四月からとなる。台湾については昭和二十年度から徴兵制度を実施することになっていたが、実際に徴集された人はごく少数だった。

単一民族で構成される軍隊ならば、多民族国家が悩む言葉の壁、風俗習慣の違いから生じる摩擦などはないはずだ。しかも旧陸軍の場合、徴集された兵卒は郷土配置が原則だったから、暴力沙汰《ざた》が起きる理由がないように思われる。ところが兵営の中では、私的制裁がまかり通っていた。なぜかと考える時、まず徴兵制度の実態を知る必要があるだろう。

日本の徴兵制度は、明治六年一月の徴兵令に始まり、変遷を重ねて昭和二年四月の兵役法となり、終戦に至る。この制度の内容は、もちろん陸軍と海軍とでは異なるし、何度も改正があった。ここでは昭和二年の兵役法の下、平時の陸軍、徴兵検査で甲種合格して入営した現役兵の場合を取り上げてみたい。

兵卒の階級は、二等兵、一等兵、上等兵の三つ（昭和十五年に伍長《ごちょう》勤務上等兵を兵長とし、四つになる）だった。服役年限が二年で、年に一回の入営、それで階級が三つとは計算が合わないが、これは明治期には服役年限三年の時代があったことの名残だろう。

入営するとまず二等兵、そして翌年、次の年次兵が入営する少し前に一等兵に進級する。少数の成績優秀者は、すぐに上等兵となる。ここに同じ「メンコの数」の者が二つの階級に分かれることになる。メンコとは食器、俗謡にある「鉄《かね》の茶碗」のことで、それを通算、何杯食べたか、すなわち在営期間を表す。その長短で兵営の規律を維持する、これが各国共通の鉄の掟《おきて》だ。

新兵が先輩の一等兵を階級のままで呼ぶと、同年兵の上等兵と区別した雰囲気が生まれるため、「二年兵殿」「古兵殿」と呼ぶ。この呼び方からして兵営を支配するのは、階級ではないことが理解できる。そしてこの古兵が新兵を殴る。

ここまでならば、まだ階級が上の者が下の者を殴るという秩序があるので、殴られる者も諦《あきら》めがつく。ところが、予備の将校、下士官に進む者も、二等兵から始めるから話が複雑になる。明治二十二年の徴兵令改正で生まれた一年志願制度、それを引き継いだ兵役法の幹部候補生制度で、予備将校のコースは甲種（甲幹）、下士官のコースは乙種（乙幹）となる。

入営してから三カ月の間に、甲幹、乙幹の志願者は検定を受け、合格すると一等兵に進級する。一等兵を三カ月務め、その後、甲幹は二カ月毎に進級し、入営一年後には軍曹で退営して、翌年に二カ月ほど見習士官を務めて予備少尉に任官する。乙幹の場合は伍長で退営し、教導学校で教育を受けて下士官の道を歩み出す。

ようするに入営三カ月で、階級では一般の古兵と肩を並べる新兵が出て、六カ月後にはそれを追い抜き、八カ月後には下士官の伍長が生まれる。階級が絶対の軍隊だから、入営から六カ月後には、甲幹の新兵は普通の古兵殿に殴られることなどあり得ないはずだ。ところが、そうではない。ここで「メンコの数」の鉄則が持ち出される。上等兵になっても、依然として古兵の一等兵による私的制裁の対象だから、不思議な軍隊というほかはない。

伍長になれば内務班を離れて生活するから、私的制裁の対象にはなりにくい。しかしそれはあくまで「なりにくい」のであって、逃れたわけではない。また、今度は下士官の中で二等兵時代からのメンコの数が問題となる。

下士官になったのだからと、一年先輩の古兵も容赦なく扱う人もいた。相手が階級を尊重して黙っていてくれればよいが、そうとばかりは限らない。「あの野郎、とんでもない奴だ」と、古兵が集団で反抗することも起きる。明らかに軍律違反なのに、兵営の裏の掟が尊重されて、軍法会議ものの出来事が不問に付された場合も多かったに違いない。

◆掟が崩れる時

徴兵検査で甲種合格となり、入営した者は現役兵と呼ばれ常備兵役に服することになる。このほかに補充兵役と国民兵役があり、それぞれが第一と第二に分けられるから、話はさらに複雑になる。

第一乙種合格の大部分が入る第一補充兵には、教育召集がある。多くの場合、定期的なものではないから、先に入営した者が一等兵や上等兵に進級してからとは限らない。その結果、メンコの数が違う二等兵が混在することとなる。それは殴る二等兵と殴られる二等兵が生まれたことを意味する。

補充兵の後に現役兵が入営してきても、メンコの数の原則は適用される。在営期間はわずかの差、階級も同じ二等兵、それでも弱々しい補充兵の下着を洗濯して、殴られる甲種合格の現役兵がいる理屈になる。これはなんとも屈辱的な話で、「軍隊はとんでもない所だ」という意識を定着させてしまった感が強い。

事変、戦時になると動員をかけ、部隊を膨らませて戦時編制とする。日華事変が始まった昭和十二（一九三七）年の例だと、平時編制の師団は兵員一万二千人だった。動員して戦時編制では二万五千人となる。この差一万三千人は、二年の現役服務を終えた予備役、教育を受けた第一補充兵役、未教育の第二補充兵役の者が召集されて充てられた。戦争が苛烈になると、召集の範囲が広くなり、各種の兵役を終えた国民兵役の者までとなると、訳がわからなくなる。

国民兵役の服役年限は長らく四十歳までだったが、昭和十八年に四十五歳までに引き上げられ、昭和二十年に入ってからの「根こそぎ動員」の主な対象は、この国民兵役の者だった。昭和二十年で四十五歳、甲種合格の現役兵だったならば大正九年兵が主体となる。大正九年といえば、元帥の寺内寿一《ひさいち》がまだ大佐で、近衛《このえ》歩兵第三連隊長だった頃だ。

こんな年配の応召者が入営してくると扱いに困る。階級や入営した年次はわかるにしろ、そこに何度目の応召かを加味しないと正確なメンコの数が判明しない。そうなってくると、新入りだから一律、殴ってよいともいえない。私的制裁にも、それなりの原則があるからそうなる。そもそも自分の父親ほどの年齢の者を、そう気軽には殴れない。

そのような事情があったため、昭和十九年、二十年と戦局も押し詰まってくると、内地の兵営でも私的制裁は以前ほどではなくなったといわれる。では、本来あるべき軍隊生活になったかというとそうではない。緊張感や規律が失われ、兵営ではなく飯場と化したという人も多い。やはり私的制裁、新兵虐待が必要悪だったのか。それを考えるには、なぜ私的制裁が生まれたかを探る必要があるだろう。

◆革命的な施策のツケ

軍隊とは、階級の権威と上級者から委譲された職務上の権限を背景として、命令と服従という関係を維持するものだ。ところがそれらとはまた別の論理、すなわちメンコの数を根拠とする暴力で組織の秩序を保つとは、理屈のうえではおかしい。おかしいといっても、現実にあったことだから、その源があったはずだ。

長らく農漁村に伝わってきた若衆宿の悪弊が、軍隊に入ってきたというのが定説だ。若衆宿とは、村落共同体の行事のやり方からタブーまでを合宿して教え込むところだ。一定の枠に押し込むため、暴力も使ったのだろうし、酒が入って乱れたということも容易に想像できる。

修行僧の習俗からきているとの説も有力だ。仏門に一日でも早く入った者は、それだけ仏の道を先に進んでいるのだから、少々手荒くても後輩を教え導くのが義務というのが建前。本音のところでは、禁欲生活のはけ口を小坊主に向けたということだろう。陸軍の内務班の室内配置は、禅宗寺院の僧坊をモデルにしたものだから、悪癖の源もそこにありとするのも納得できる。

源流がどこであれ、それが定着し、さらに深刻なものになった理由はなんであろうか。突き詰めて考えると、軍隊でいう「地方」、すなわち一般社会の秩序や階層を一切否定し、それとは隔絶した世界を構築しようとしたところに問題があった。暴力を正当化するのによく使われた「娑婆気を抜く」に、その雰囲気がよく表れている。

顔の形が変わる、鼓膜が破れるまでの暴力が振るわれるとなると話は陰惨になるが、本質的にはこれほど民主的で平等な世界はない。ある面で革命的ともいえる。大地主で村長の息子も、小作農の子弟も、入営時はまったく平等で二等兵であり、同じように殴られる。これを平等思想に基づく集団と表現すると違和感を持たれようが、ほかの言い方は思いつかない。

日本の陸軍、海軍が範を求めた欧米の軍隊はこうではない。一般社会の身分階層をなるべく尊重する傾向にあった。ドイツ軍では第二次世界大戦中でも、将校は全員、貴族階層の出身で、男爵、子爵と爵位で呼び合っていた連隊すらある。ベルリンの第三擲弾《てきだん》兵（歩兵）連隊、ミュンスターの第二戦車（以前は騎兵）連隊は、そんな貴族ブランドの連隊として有名だった。親しくなったイギリスの将校が別荘に招いてくれたので出かけたところ、そこはお城であったという話もよく聞く。アメリカでは、現在でも陸軍と空軍の士官学校、海軍兵学校を受験するには、上院議員か州知事の推薦を必要とする。これは社会の階層をなるべく軍隊でも尊重しようという姿勢の表れだろう。

そんな旧弊は打破すべきだ、とまったく出自を考慮しないで、将校、将官への道を誰にでも開いている国も多い。そういう国は、民主的であるとはいえよう。しかし、なぜかそういう国ほどクーデターなど軍部を巡る問題が起きやすいことは興味深い。

明治維新で四民平等を掲げたせいか、それとも明治建軍を主導した人達がそろって軽輩上がりだったせいか、日本軍は一般社会の身分秩序をあまり尊重しなかった。戦前の日本で大名家出身のいわゆる武家華族は、三百九十家ほどあった。その家督を継いで大将にまで昇進した人は、陸海軍を通してただ一人、加賀百万石の前田利為《としなり》だけだった。それも航空事故で死去してからの大将昇進だ。

なんと日本軍とは、開明的な軍隊だったのだろう。欧米ではまず考えられないことだ。そのような過激ともいえる行為は、暴力を呼び寄せる。社会主義革命を行ない、あらゆる過去を否定した国は、すべての面で苛酷になることは周知の事実だ。良いか悪いかは別として、社会の安定に寄与している身分秩序を全面的に否定すれば、どこかに無理がくる。その一つが私的制裁だといって間違いはない。

余談になるが、では皇室の藩屏《はんぺい》とされた華族、政治家や高級官吏の子弟は、どうやって兵役義務を果たしていたのか。進んで軍学校に進む気骨と義務感のある人もいたが、多くは兵役を忌避し、親もあれこれ運動する。軍当局もこれには困り、名家の子弟を徴集すると東京の近衛師団や第一師団の輜重《しちょう》兵連隊に配属し、馬の世話をさせていた。間違ってここに回された庶民の一人は、「見回すと、そこには幕末、明治の歴史があった」と回想しているが、なかなか味のある表現だ。

◆師団の評価にまで及んだ影響

私的制裁は、三十名前後の内務班を舞台にしたものだった。そこは軍隊を支える基礎単位だから、悪影響は全体に及ぶ。戦前の陸軍では、戦略の単位とされていた師団の質の問題にまで発展した。

お国自慢も半分はあるにせよ、常設師団の俗な評価はなかなか的を射たものだった。あてになるのは仙台の第二師団、国宝とまでいわれた弘前の第八師団、ここ一番の攻撃なら熊本の第六師団、先駆けならば久留米の第十二師団、これらが高い評価の師団だ。それに対して、東京の第一師団、大阪の第四師団、京都の第十六師団の評価はいまひとつだった。

都会の人は馬の扱い方を知らないから、すぐに死なせてしまう。当時、それは機動力、

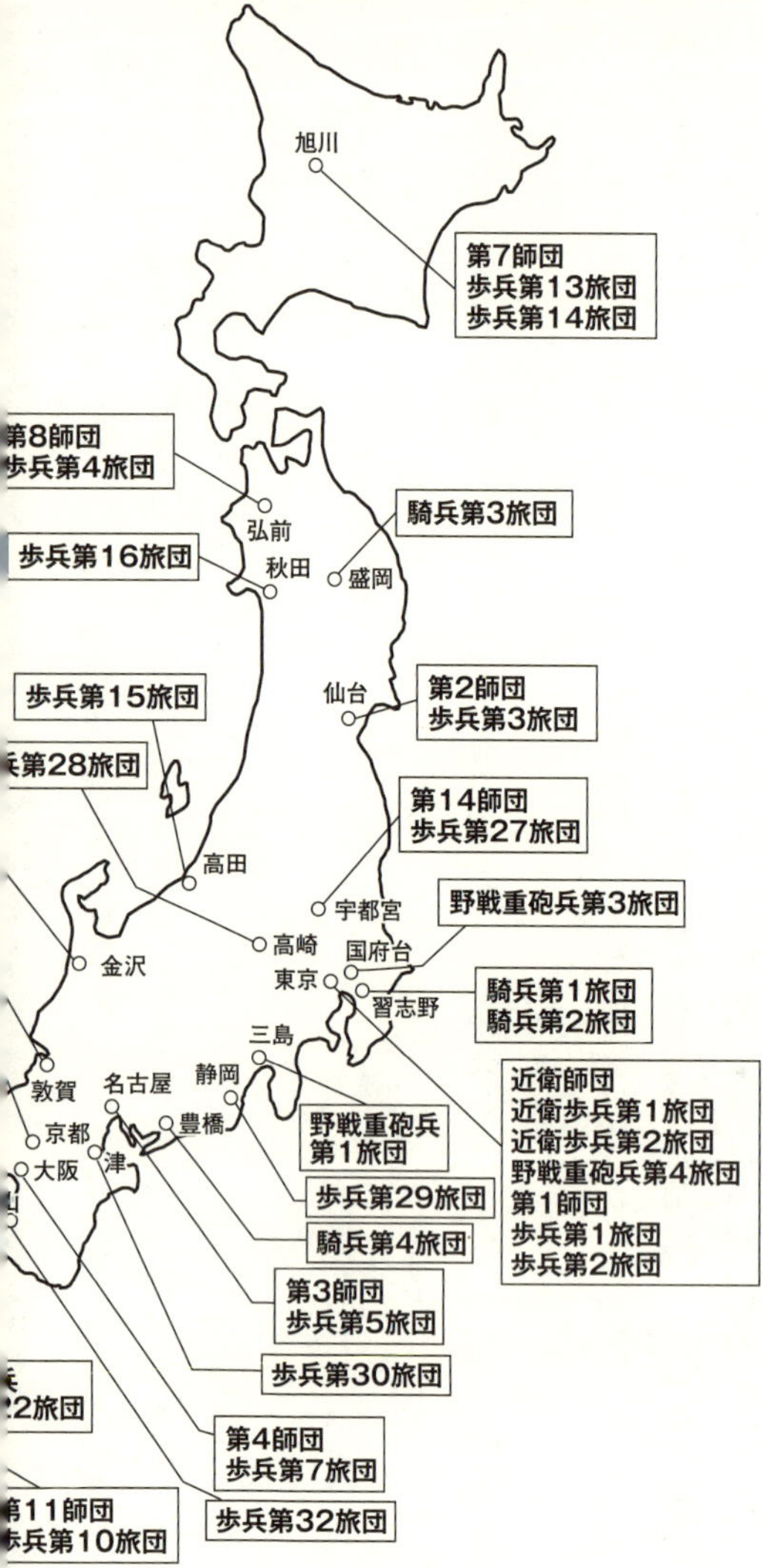
旭川
第7師団
歩兵第13旅団
歩兵第14旅団
8師団
兵第4旅団
弘前
騎兵第3旅団
歩兵第16旅団
秋田
盛岡
仙台
第2師団
歩兵第3旅団
歩兵第15旅団
第28旅団
第14師団
歩兵第27旅団
高田
宇都宮
野戦重砲兵第3旅団
高崎
国府台
金沢
東京
習志野
騎兵第1旅団
騎兵第2旅団
三島
近衛師団
近衛歩兵第1旅団
近衛歩兵第2旅団
野戦重砲兵第4旅団
第1師団
歩兵第1旅団
歩兵第2旅団
静岡
敦賀
名古屋
野戦重砲兵
第1旅団
京都
豊橋
大阪
津
歩兵第29旅団
騎兵第4旅団
第3師団
歩兵第5旅団
歩兵第30旅団
2旅団
第4師団
歩兵第7旅団
11師団
兵第10旅団
歩兵第32旅団

図版3　昭和7年度の常設師団と旅団の配備

補給力の喪失を意味するから、都市部で編成した部隊は戦力に劣るという結論になる。その一方、地方の人は馬の扱い方を知っているから、戦力を維持できるのだと説明されてきた。それも師団の評価を決める一つの理由だとは思う。しかし、より深い問題、私的制裁によって兵員一人ひとりの心の中に沈殿した反軍思潮が問題ではなかったのか。

機械化が進んでいなかった戦前日本の農漁村、炭鉱などでの肉体労働は厳しいもので、労働者は牛馬同様に扱われた。それでいてコメの飯を食べられるかすら保証の限りではない。そのような環境に生きてきた人ならば、軍隊に入って手荒な扱いを受けても耐えられる。いや、むしろ兵営生活の方が楽だったに違いない。

明治、大正はもちろん、昭和に入ってからも、甲種合格で入営し、支給される被服一式、毛布、革の軍靴、寝台、それらが近代文明に触れた最初だった人もいただろう。麦飯にしろ、コメの飯とそれなりのおかずと汁が三食きちんと食べられる。豚汁を初めて口にして驚いた人も多かったはずだ。それで毎月五円五十銭もらえる。これは殴られても、こたえられない、しかも一年我慢すれば、殴る側になれると待ちこがれている人がいても不思議ではない。

冷害に脅える貧しい農村地帯の壮丁を集めた第二師団、第八師団はあてになる、そして炭鉱地帯を抱える第六師団、第十二師団は精強だという評価を得る背景には、このような事情があった。

その一方、都会で生まれ育った人は、そうはいかない。多くが勤め人の子弟で、それなりに文化的な生活を送り、しかも教育水準が高い。兵営の食事も貧弱と感じる。そして同じ二等兵に殴られる場合もある。これは理不尽だ、こんなことは軍人勅諭にも反することだと、理屈のうえでも反発する。そのような不満が鬱積《うっせき》するところには、部隊の真の団結は生まれない。だから都市部の部隊は弱く、とかく不祥事が起きやすいという厳しい評価に結び付く。

都会の人といっても一概にこうだとはいえない。建設や土木現場の環境は劣悪で、労働の厳しさは軍隊以上のものがあった。そういう日常を体験した者にとって軍隊とは、「手足を折るわけでもあるまい、命を取るわけでもあるまい」といった感覚でとらえるから、私的制裁など一向に気にしない。工事現場の飯場よりも、内務班の生活の方がはるかに気楽で快適だということになる。

太平洋戦争に先立ち大阪近辺の建設、土木関係者を主体に編成したのが、独立工兵第十五連隊であった。この連隊は太平洋戦争の緒戦、マレー進攻作戦に投入され、シンガポールへの電撃作戦を支えた。その架橋《かきょう》作業の迅速さには全軍が舌を巻き、「これが本当に大阪の兵隊か」との声まで上がったという。

◆管理責任を果たさなかった指揮官

今日なお広く語られている旧陸軍での私的制裁なのに、なんとこの事実を終戦になるまで知らなかった高級将校がいたという信じられない話がある。連日連夜、兵営で繰り広げられていた新兵の虐待を知ったこの人は、「あってはならないこと、なぜ然るべき措置を講じなかったのか」とおおいに憤慨したという。こんな高級将校がいたこと自体が、私的制裁という悪弊を生み、かつ根絶できなかった理由だろう。

平時、大佐である連隊長と話をしたことのある二等兵はまずいない。それどころか、連隊長の顔を近くで見た人も少ないはずだ。連隊の創設記念日の軍旗祭、新任将校に対する命課布達式、秋季演習での講評、これぐらいしか連隊長の肉声に接する機会はなく、顔を見るといっても百メートル以上離れていた。

兵卒が連隊長の声にも、顔にも接していなかったということは、その連隊長が部隊の実情を知ろうと、連隊を歩き回っていなかったことを意味する。私的制裁に代表される兵営の実態を知らなかったことも無理はない。青アザをこしらえたり頬《ほお》をはらしている二等兵を見れば、なにが行なわれているかわかるはずだ。「俺は幼年学校や士官学校で、殴られたことがなかったのでわからなかった」とは言わせない。ようするに部隊の実情に関心がなかったのだ。それでは組織の管理者として失格というほかない。

ドワイト・アイゼンハワーは大将で連合軍総司令官の立場にありながら、将兵に規定通りのキャンディーやタバコが支給されているかまで気を配った。それも戦線をこまめに歩いて自分で確認する。もし不都合があれば、解決するよう強く指示し、実行されたかどうか自ら確認する。

朝鮮戦争中、米第八軍司令官、国連軍司令官を務めたマシュウ・リッジウェイも、現場を実際に自分の目で見ることを実践した。第一線の将兵が家に手紙を書く文房具が届いていないことを知ると、即座に手配し、それが実行されたことを確認する。彼のジープには、手袋が積まれており、手袋をなくして困っている将兵がいれば、激励の言葉をかけながら手袋を手渡す。

指揮官たる将校は、部隊の管理者かつ責任者、すなわちマネージャーで、自分に管理を任された組織の実情を常に把握していなければならない。キャンディー一つ、手袋一つ見逃さない、それが将官＝ジェネラルたる者であり、アイゼンハワーやリッジウェイが名将といわれる所以《ゆえん》もそこにある。作戦の手腕、戦術眼の冴えといったものは、その次の問題なのだ。それなのに日本軍には、兵営の実態をまったく知らない将校がいたとは、それこそが敗因ともいえる。

なぜ日本軍は、自分の部下に関心を持たない指揮官ばかりだったのか。まずは社会の階層を否定したことに遠因がある。率先して人の面倒を見ること、組織を善導することを当然の義務として育った者が、軍隊の然るべき地位に就かなかったのだ。日本軍には本当の意味での貴族が、いや日本そのものにエスタブリッシュメントがいなかったといえる。

それならば軍自体が本当の意味でのリーダーを養成すればよい。ところが、そこにも大きな問題があった。早い者で陸軍士官学校を出てから四年で陸軍大学校に入る。陸大に入る前は部隊勤務をしているのだから、兵営の実態を知るはずだ。ところが部隊から陸大合格者が出れば名誉なことで、連隊長の功績ともなる。そこで有望な者ほど大事にされて、受験勉強に勤《いそ》しむこととなる。だから私的制裁など知る機会もない。陸大は三年、それから部隊に帰って中隊長を務める。これも少佐に進級するのに必要なためだけのことで、腰掛けの勤務に終始する。

陸大の卒業成績が上位の者は、海外留学の特権がある。それでまた二、三年、部隊から離れる。帰国すれば中央の三官衙《かんが》（陸軍省、参謀本部、教育総監部）の勤務が待っている。陸大勤務となって重宝され、手放されず長く教官生活を続ける人もいる。中佐の時に連隊付《づき》となり、大佐で連隊長だ。エリートにとって連隊長は、将官への切符を得るための勤務でしかない。

このように組織を動かす中枢にいる者は、内務班の実情を知る機会も少なく、知る必要もないことになる。もし知ったとしても、余計なことをして波風を立てれば出世街道が順風満帆とはいかなくなる。そもそも将来を約束されたエリートは、下々のことなど気にも留めないものなのだ。

◆是正策は講じられたのか

将校と一口にいっても、その出身はさまざまだった。陸軍士官学校を卒業した者は、生徒出身と区分されていた。少尉候補者制度で下士官から累進した者は、部内出身とか少候と呼ばれる。一年志願兵制度や幹部候補生制度による者は、予備員に分類される。その予備員で現役を志願した者は特別志願とされる。

士官学校を卒業した生徒出身以外の者は、すべて二等兵を経験しているから、私的制裁など内務班の実態を熟知している。生徒出身でも陸大に進まなかった者は、部隊勤務に明け暮れるから、部隊の内情には通じている。彼らの中には、「私的制裁は伝統であり、帝国陸軍精強の秘密である」などと乱暴かつ頑迷な人もいただろう。むしろ海軍の方にこの傾向が強く、「シーマンは殴って育てるのが一番」としていた。しかし、将校、士官の大多数は、徴集される兵員も高学歴になるなど、世相も変わったのだから、なんとか改善しなければと思っていた。

事実、中隊長あたりが「新兵に自分の汚れものの洗濯をさせている者がいる。以後、このようなことがないように」とか「私的制裁は厳に慎むように。暴力を振るわれた者は申し出るように」としばしば訓示した。自殺者などが出れば、大変な騒ぎとなって軍紀、風紀の是正が叫ばれる。

しかし、喉元《のどもと》過ぎれば熱さを忘れる、だ。少しの間は、洗濯に精を出す古兵殿の姿も見られるものの、すぐに旧に復する。新兵が自分にやらせて下さいと頼むからやってもらってなぜ悪いか、といった態度だ。「昨晩、殴られました」と申し出れば、何倍かにして殴られかねないので、誰も黙っている。殴る方も、自分がされてきたことをしてなぜ悪いか、ここで止めさせられては不公平だという意識だから始末に困る。

なんとかしなければとの声を聞いて、部隊として私的制裁の根絶策を考え、実行に移した連隊長もいないことはなかった。その一つの施策として、徴集した兵卒を機械的に配置するのを止めて、出身の村落単位を元にした編成にするというものがあった。こうすれば顔見知りだろうから、一年先輩でも手荒なことはしないだろうということだった。

実際にやってみると、まず人数にばらつきがあり、必ずしも同じ町村の者が同じ中隊とはならない。逆に周りはすべて違う村の出身で、独りぼっちという場合も生じただろう。

そうなると一律、機械的に配置する方が公平だとなる。また、顔見知りなど人間関係があるから殴らないかといえば、逆の場合もあり得る。娑婆のしがらみが内務班にまで持ち込まれる格好だ。

とにかく、現場の声が上に届きにくいのは世の常だ。まして軍隊の組織は大きく、かつ命令と服従の関係で動いているから、風通しが悪くなる。また軍隊には、妙に堅いところがあり、なにをするにも根拠が必要だ。結局、中央が動かなければ、なに一つ改善されないということになる。

私的制裁は、軍紀と風紀の問題であるから、中央官衙でこれを扱うのは陸軍省の兵務課だった。大正十五（一九二六）年までは、陸軍省軍務局の歩兵課などがそれぞれ分掌していたが、軍務局が兵科別の編成から機能別になった際、兵務課が設けられた。さらに昭和十一（一九三六）年、二・二六事件の反省から兵務局に拡大された。海軍では、海軍省軍務局第一課の所掌となる。

歴代の兵務局長、兵務課長を見ると、かなり有力な人が就任している。終戦時の陸相で自決した阿南惟幾《あなみこれちか》は初代の兵務局長、太平洋戦争開戦時に参謀本部第一部長であった田中

図版4　陸軍省と海軍省（昭和16年12月）

陸軍省		
陸軍大臣／陸軍次官		
	・大臣官房	
	・人事局	補任課／恩賞課
	・軍務局	軍事課／軍務課／陸軍省報道部
	・兵務局	兵務課／兵備課／防衛課／馬政課
	・整備局	戦備課／交通課／工政課／燃料課
	・兵器局	銃砲課／機械課／器材課
	・経理局	主計課／監査課／衣糧課／建築課
	・医務局	衛生課／医事課
	・法務局	
	・功績調査部	
	・恤兵部	

海軍省		
海軍大臣／海軍次官		
	・大臣官房	
	・軍務局	第1課（軍備）／第2課（政策） 第3課（産業・運輸）／第4課（宣伝）
	・兵備局	第1課（出師準備）／第2課（工業動員） 第3課（港湾）
	・人事局	第1課（補任）／第2課（恩賞・援護）
	・教育局	第1課（一般）／第2課（術科）／第3課（部外指導）
	・軍需局	第1課（軍需）／第2課（燃料）／第3課（衣糧）
	・医務局	
	・経理局	第1課（教育）／第2課（給与）／第3課（予算） 第4課（調達）／第5課（契約）／第6課（工場）
	・建築局	
	・法務局	
	・海軍運輸部	

新一は兵務課長の経験者だといえば十分だろう。かなりの大物にしろ、彼らも結局は現場を知らないエリートで、下々のことを自分の身になって考えない。

そもそも、兵務局長、兵務課長の力が弱い。陸相の参謀長格の軍務局長がトップ、将官人事を差配する人事局長が陰のトップとなるだろう。兵務局長はひいき目に見ても、整備局長の次といったところか。陸軍省の課長といえば、まず予算を握る軍事課長だ。佐官の人事を行なう補任課長も、敬意を払われる存在だ。政治将校が集まった軍務課も歴史は浅いが威勢がよく、その次に兵務課がくるといったところだろう。

この位置付けは、発言力にかかわってくる。私的制裁を根絶しましょうと、いくら大きな声を出しても、それに共鳴してくれる部署もなく、次官、陸相にまで案件を上げるに至らない。ましてこの問題は、予算とも装備とも関係ないし、それを是正しようとしても、すぐさま目に見える成果とはならないし、大きな業績とも見なされないから、中央官衙のエリートは関心を持たない。

結局は、軍の恥部ともいうべき私的制裁の横行は、軍が自ら根絶することはできなかった。その結果として、今日なお続く反軍思潮を生み出してしまった。

◆そして今は

戦後に再軍備した日本は、志願制を採っているから、徴兵制の戦前とはまったく条件が異なっている。志願制であるからオープンだと思われようが、実は徴兵制よりも閉鎖的になりがちで、その実情はあまり知られていない。また、曹（下士官）はもとより、士（兵）すらも営外居住が認められているなど、制度がまるで違っているので、戦前の事象をもって自衛隊の現在を推しはかることもむずかしい。

そもそもグローバル・スタンダードで、戦前の原則でもあった「国防に参画する権利」、それに付随する「兵役の義務」という関係を、志願制の下でどう整理して再構築しているのかも定かではない。現行憲法の第九条［戦争、軍備放棄］、第十八条［苦役からの自由］などから類推するに、権利もなく、義務もないとなれば、人も殴れないし、黙って殴られる人もいないことになる。

まして自衛隊は、戦後の民主教育を十分に受けてきた高学歴な者の集団だ。また現在の日本には、経済的な格差はあるにしても、社会階層を意識している人は、いてもごく少数だろう。そうなると自衛隊と私的な暴力は縁がないとの図式を描ける。

しかし、軍隊という大きな組織は、その国の社会を映す鏡でもある。校内暴力、家庭内暴力といったものが、自衛隊とまったく無縁だとはいえないと見るのも自然だろう。

事実、自衛隊と暴力が無関係でないことは証明されている。もちろん時折りのことだが、傷害事件が起きて、訴訟にまで発展する事例が散見される。裁判ざたになっても双方とも大人だから和解で終わるものの、感情的な暴力行為があったことは事実だ。また極端な例にしろ、灰皿や書類ばさみなどを部下に投げ付けるのを常とし、傷害にまで及んだつわものが、なんと海上幕僚長まで昇り詰めた。これを見て、旧軍以来の体質はあまり変わっていないとため息をつく人も多かった。

このような事例はあるにしても、自衛隊には旧軍の私的制裁のような暴力が横行しているとも思えない。志願制のうえ、任期途中で退職しても、極端な話、脱走しても罰則もないので、皆が嫌気がさして辞めてしまえば、組織そのものが維持できないからだ。そうだとしても、訓練としての管理された暴力は武装集団として万国共通のものであるから、現在の自衛隊にもあり、そして将来もあり続けることを直視しなければならない。

第三章　戦う集団にあるべき人事

◆若さを求める戦場

戦史を読んでいて、つい忘れがちなことがある。戦っている人達の誰もが、その戦争がいつ終わるかわかっていないことだ。第二次世界大戦中、連合軍の高級指揮官は、戦争がいつ終わるかよく賭けをしている。しかし、誰一人として的中させた者はいない。期間を決めて行なうのが普通の演習と実戦との大きな違いはここにある。だから「実戦的訓練の追求」はむずかしい。

戦争はいつ終わるかわからないのだから、根気よく、短気を起こさずに戦い続けなければ勝利は得られないことになる。根気や短気は体力と関係が深い。体力はおおむね年齢による。年を取ると根気が薄れ、つい短気になったり、億劫《おっくう》になるということは、体力の衰えを物語るものだ。だから戦場では、若さが求められる。

もちろん指揮官、参謀には、経験と知識が必要だ。まして戦争も複雑になった二十世紀以降、ナポレオンのような天才がいても二十代では大軍を動かせるものではない。そんなキャリアと年齢を勘案すると、一万人から二万人を指揮する師団長は四十代、三千人を指揮する連隊長は三十代が理想とされている。

実際、勝利を収めた軍隊の将軍は若く、若さゆえのエネルギッシュさを売り物にしている。ドイツのエルヴィン・ロンメルがアフリカ軍団長でトブルクを占領した時、彼は五十一歳だった。旧ソ連軍で最年少の大将であるイワン・チェルニャホフスキーは、第三白ロシア方面軍司令官の時、ケーニヒスベルクで戦死したが三十八歳だった。ゲオルギー・ジューコフがベルリンに突入し、ドイツ軍の降伏を受け入れた時、彼はなんと四十九歳で最高位のソ連邦元帥だった。

年功序列を重んじる東洋も例外ではない。一九二六（大正十五）年、北伐を始めた蔣《しょう》介石《かいせき》は、当時三十九歳だった。一九五三年、彭徳懐《ほうとくかい》が援朝志願軍司令として朝鮮戦争の休戦協定に署名した時、彼は五十五歳だった。朝鮮戦争中とその直後に、韓国陸軍は大将を三人生んだが、白善燁《ペクソンヨップ》、丁一権《チョンイルゴン》、李亨根《イヒョングン》とそろって三十代前半の若さだ。

では、旧日本陸軍はどうだったか。日華事変の前、平時といわれる時代、中将の師団長は五十二、三歳といったところだった。現在の陸上自衛隊で師団長、方面総監もほぼ同じ年齢層になる。各国軍も平時ならば、おおよそこれに準じている。所定の教育や勤務のステップを踏ませると、このくらいに収まるのだろう。

これが戦時になると若返る。部隊の数も増え、死傷者も出るからだ。旧陸軍の場合、終戦時に陸士三十一期の師団長が二人、同じく三十八期の連隊長が一人いた。年齢でいえば、師団長が四十七歳、連隊長が四十歳、これがそれぞれもっとも若手だった。これでも各国から見れば、一回りほど老けている。

皇族を除いて最先任であり、南方軍総司令官を開戦から終戦まで勤め上げた寺内寿一は陸士十一期で、終戦時は六十七歳。終戦時、関東軍総司令官の山田乙三《おとぞう》は、陸士十四期だった。今日の六十代ならばまだしも、昭和二十年当時に六十歳を超えているとなれば、これはもう老境といってよい。そういう人に、野戦軍司令官として根気強く、短気を起こさず、億劫がらずに戦えというのは無理というものだ。

最良、最強の人材を投入しても勝てなかったとなれば、諦めもつく。しかし、戦争になってからも、あいも変わらず年功序列、学校の成績をもとにした人事で、それが敗因の大きな部分を占めているとなると、一言あって然るべきだろう。日本人は人事に敏感だから、波風立てないようにと従来通りになったにしろ、今のはやりでいえば、これでは危機管理ができていないということになる。

◆世界の常識、信賞必罰

戦争になっても年功序列を重んじ、思い切った抜擢《ばってき》人事が行なえないということは、信賞必罰がなされていないことの証明にもなる。血と汗にまみれた実地試験の結果を受け入れないと言い換えてもよいだろう。戦士の集団なのだから、戦場での実績を一番の評価基準とするのが常識なはずだ。

第二次世界大戦中のソ連軍は、思わず身震いするような信賞必罰が支配する軍隊だった。軍司令部一同は食事中、一人の参謀だけが作業をしている。そこに突然現れたゲオルギー・ジューコフは、ただちに軍司令官以下を解任し、真面目に仕事をしていた参謀を軍司令官に任命したことがあったとされる。本当かなと思うが、有名なエピソードとして映画の一場面にもなっている。

ある師団の前進速度が意に満たないと見るや、その師団長はすぐさま解任され、降等のうえ、懲罰大隊に送られることも珍しくなかった。絶対的な独裁者、スターリンから全権を委任されていたジューコフだからできたことだ。また、この苛酷な統率は、ロシアの風土に即したものだとはいえよう。

しかし程度の差こそあれ、明確な信賞必罰は、戦う軍隊には共通している。それにまつわる逸話にはこと欠かない。ソフトそうに見える米軍でも、なかなか厳しい。

朝鮮戦争中、各国の地上軍を統一して指揮した米第八軍司令官は四人を数えるが、そろって個性的かつ厳しい人だった。第一線に立つ大隊長と軍司令官の間には、連隊長、師団長、軍団長がいるわけだが、そんなことは意に介さない。失策を演じたり、指示通りにしない大隊長を捕まえて、指を突き付けて詰問し、罵声を浴びせてその場で解任する。そばで見ていた韓国軍の軍人は、あれほど面罵されるならば、旧日本軍のように殴られて済む方がまだましだと回想していた。

その一方、実績を示すと絶賛され、褒めちぎられる。欧米人は、人を褒めて使うのが上手だが、特に軍人はそのようだ。褒めた以上は、それに見合った昇進や勲章などが与えられる。ある時、韓国軍の大佐が抜群の戦果を収め、李《イ》承晩《スンマン》大統領の臨席の下、勲章が授与された。するとその場にいた米第八軍司令官のジェームズ・ヴァン・フリートは、自分の肩の階級章から星を一つはずして、その大佐の肩に付けてやり、准将昇進を大統領に認めさせたという逸話も残っている。

では、日本ではどうだったのか。米海軍は、日本海軍の敗因は人事だったと指摘している。どうして敵から指摘されるような拙《まず》い人事になったのか、明快な信賞必罰がなされなかった結果だといえる。その好例を、同じ方面で戦った井上成美《しげよし》と田中頼三に見ることができる。

日本海軍最後の大将となった井上成美の英才ぶりは、今も広く語られている。三国同盟に強く反対し、航空主体の兵備への切り替えを主張したりしたことは高く評価されて当然だろう。しかし、戦場での実績となると問題山積で、どうして大将になれたのかと首をひねる。

太平洋戦争の開戦に先立ち、航空本部長であった井上成美は、中部太平洋を担当する第四艦隊司令長官に就任した。そして開戦当初のウェーク島攻略で、第一回の攻撃に失敗して味噌を付ける。昭和十七（一九四二）年五月の珊瑚《さんご》海海戦では、追撃して戦果を拡大しようとしない。海軍がガダルカナル島まで出たことは、命令系統が複雑で、彼だけに責任を押し付けられないにしろ、第四艦隊の担当正面であることは間違いない。

理屈は達者だが、戦は下手とされた井上成美は、ガダルカナル戦の最中に帰国し、海軍兵学校長となった。そして海軍次官に転じ、昭和二十年五月に焼け跡の中で大将に昇進した。戦がどんなに下手でも、大将になれるとは奇怪なことだ。

これに対して、田中頼三はガダルカナル島を巡る海戦で、第二水雷戦隊司令官として大活躍した。輸送船団を護衛しながら、また駆逐艦でガダルカナル島への補給を続けながら、その一方で敵艦隊と渡り合った田中の手腕を米海軍は高く評価している。それなのに、ガダルカナル戦が終わる前に更迭されて舞鶴鎮守府付、続いてビルマの第十三根拠地隊司令官に飛ばされた。敵がもっとも恐れた闘将は、味方によって洋上で戦う機会を奪われたのだ。どんな理由があったにせよ、理不尽極まりない。

田中頼三は海軍兵学校の四十一期、同期生に草鹿《くさか》龍之介がいるから、ますます人事の拙さが際立ってくる。草鹿は機動部隊の参謀長として真珠湾奇襲で大きな功績を上げた。しかし、ミッドウェー海戦で主力空母四隻を失うという大敗北を喫した。ところが更迭されることなく現職に止《とど》まった。それからもハンモック・ナンバー（兵学校の卒業序列）通りに栄進を重ね、最後は連合艦隊の参謀長にまで昇り詰めた。

なんとも信賞必罰を忘れた酷い人事だが、これは海軍ばかりではない。陸軍も同じような話ばかりで、これは日本民族の習性かとも思えてくる。

昭和十九年三月からのインパール作戦は、その大きな損害はもとより、第十五軍の組織そのものが空中分解したことでも有名だ。隷下の師団長三人が作戦中に全員、罷免されるという異例の事態となった。病気の一人は仕方がない。残る二人は抗命だ。作戦構想そのものに疑問を投げかけ作戦中止を具申し続けた者、独断で退却した者、この二人は本来ならば軍法会議で銃殺ものだ。

しかし、二人とも予備役編入だけで済まされ、その一人の柳田元三《げんぞう》はすぐさま召集で旅順要塞司令官となり、関東州警備司令官で終戦を迎えている。もう一人の佐藤幸徳《こうとく》は、精神に異常をきたしたことにして予備役編入ののち、これもまた召集されて、東北軍管区付となっている。軍司令官の牟田口廉也も責任を追及されて予備役に編入されたが、これまたすぐに召集され、予科士官学校長となり、後進の育成に当たったとは言葉を失う。

フィリピンにあった第四航空軍司令官の冨永恭次《きょうじ》は、あれこれ理由はあったにせよ、昭和二十年一月に台湾に脱出した。現地の第十四方面軍司令部にも連絡をしないでのことで、敵前逃亡ではなかろうかと問題になった。ソ連軍でなくとも銃殺になるところだが、予備役編入で済まされた。そしてすぐさま召集で、関東軍の第百三十九師団長となった。陸軍も信賞必罰以前の話が支配していたことになる。

そもそも日本軍では、戦場での実績が人事に反映されない仕組みになっていたとしか思えない。それは、武功勲章である金鵄《きんし》勲章受勲者の処遇に見ることができる。太平洋戦争中、北海道の第七師団長であり続けた鯉登行一《こいとぎょういち》は、その典型的な例だろう。

昭和十二年七月、日華事変が勃発した時、鯉登は平壌の歩兵第七十七連隊長であり、すぐ華北に出動し金鵄勲章功四級をものにした。熊本の幼年学校長を務めた後、旭川で編成された第三十五師団の歩兵団長としてまた華北に出征して功三級となった。これだけの実績がありながら、鯉登は終戦まで第七師団長として北海道にあり、第一線に立つことはなかった。

鯉登と同期の陸士二十四期生は、太平洋戦争中、軍司令官など軍の中枢を占めていた。目立つところでは、最後の参謀次長となった河邊虎四郎、その前任者の秦彦三郎、陸軍次官の柴山兼四郎、この三人とも金鵄勲章を持っていない。

金鵄勲章ばかりは巡り合わせで、持っていないからとあれこれいえないにしろ、持っている者を優遇しないとはどういうことなのか。長年にわたり陸軍部内で隠然とした勢力を誇っていた阿部信行《のぶゆき》も金鵄勲章を持っていない。戦場で実績を示した者より、中央官衙の勤務経験者を優遇する。これでは戦う軍隊とはなり得ない。

◆ダイナミックな人事

米海軍が日本海軍の敗因の一つに人事を挙げたことは、自分達の勝因は人事にあったと暗に示唆しているのだろう。事実、思い切った人事を行なっており、いくらオープンでドライなお国柄とはいえ、よくも皆が納得したものだと思う。

一九四一（昭和十六）年十二月、米太平洋艦隊は真珠湾で壊滅的な打撃を受けた。責任を取りハズバンド・キンメルは退くこととなり、後任が大きな問題となった。多くの候補の中から選ばれたのは、海軍作戦本部航海局長（人事担当）のチェスター・ニミッツだった。少将の彼は中将を飛び越して大将に昇任し、太平洋艦隊司令長官に任命された。躍動的な人事の典型だろう。

公平な人事だと好評を博していたニミッツの手腕は、太平洋戦線で十二分に発揮された。一九四一年の年末、ハワイに着任したニミッツは、全幕僚の留任を発表し、落ち込んでいた司令部の士気を回復させた。しかし、そのような恩情だけではない。「優秀な人材を使わないのは不経済だが、長く使うと弊害が出てくる」、これが彼の人事哲学だった。その実践は徹底しており、作戦中であっても、躊躇《ちゅうちょ》なく交代させせる。

放胆な機動打撃戦の場合は、航空育ちのウィリアム・ハルゼーを使う。上陸作戦など緻密で着実さが求められる場合は、艦艇屋のレイモンド・スプルーアンスを使う。同じ艦隊だが、ハルゼーが指揮する時は第三艦隊、スプルーアンスが指揮する時は第五艦隊と、部隊番号を使い分けて二人の面子《メンツ》を保つ。ニミッツの人事はダイナミックであると同時に、人の気持ちまでを慮《おもんぱか》るきめ細かいものだった。

一九四二年四月、日本本土を初空襲したジェームズ・ドーリトルの軍歴も信じられないものだ。彼は第一次世界大戦中に飛行練習生として陸軍に入り、多くの航空賞をものにした名パイロットで、またマサチューセッツ工科大学で学び、航空工学の博士号を持つ学究でもある。

予備役の少佐でいたドーリトルは、一九四〇年に召集され、自動車産業を航空産業に転換させる大プロジェクトを完成させた。そして双発の陸上機B25を空母から発進させ、日本本土を空襲するという奇想天外な作戦を任された。これを成功させたドーリトルは、北アフリカの第十二航空軍司令官、次いでドイツ爆撃の主役であった第八航空軍司令官となった。対独戦終結にともない、第八航空軍を率いて沖縄に再展開中に終戦となったが、その時、彼は中将だった。

では、日本軍はどうだったのか。まず、少将をすぐさま大将にすることは不可能だし、少佐を三年で中将にすることもあり得ない。そもそも一期上のトップ・グループを追い抜いて昇進させることは、戦死して特進させる場合以外は禁止されていた。皇族を除いて最年少の将官は、飛行第六十四戦隊長で戦死した加藤建夫《たてお》で三十九歳だった。彼は中佐で戦死し、二階級特進で少将を遺贈された。

また中将で重要な職務を六年こなさなければ、大将進級の資格が得られない内規になっていた。東条英機が首相に就任することになり、どうしても大将に進めるため、この内規を五年にした。内規、法規の根拠がないと、なにもできないとはお堅いことだ。それでいて規則を都合よく解釈したり、自在に改正したりして平気な顔でいる。こういう習性を悪い意味での融通無碍《むげ》という。

そして大過なければ、重要な地位に居続ける。太平洋戦争の全期間を通じて南方軍の総司令官は寺内寿一だった。長らく陸軍のエースと目されていた梅津美治郎《よしじろう》は、ノモンハン事件の直後、昭和十四年九月から十九年七月まで関東軍司令官を務めた。山本五十六《いそろく》も戦死しなければ、終戦まで連合艦隊司令長官であり続けた可能性すらあった。

とにかく硬直した人事だから、適材適所の抜擢はあり得ない。主戦力となった空母機動部隊の司令長官には、航空に暗い南雲《なぐも》忠一ではなく、航空育ちで積極果敢な山口多聞を起用すべきだったと今にしても語られている。しかし、それはまったく無理な話だ。南雲は海軍兵学校三十六期、山口は四十期、四期も若い者を後任として補職することは、制度的にあり得ないし、当時はそう発想すること自体、妄想として片付けられた。

◆陸軍の人事は二系統

第一線に立つ指揮官よりも、中央官衙などで勤務する幕僚が昇進など人事面で優遇されるといった日本陸軍の傾向には、さまざまな背景がある。まず陸軍大学校出身者（卒業徽《き》章《しょう》が似ているため天保銭と俗称）とそうでない者（天保銭がないので無天と俗称）を明確に区別し、まず天保銭組を並べ、次に無天組という序列を作る。天保銭は幕僚勤務が長く、無天は部隊勤務が主、だから幕僚を優遇しているように見える。

海軍の場合、天保銭組と同格な海軍大学校甲種出身は尊重されたにしろ、陸軍ほど絶対的なキャリアではなかった。また海軍の幕僚機構が陸軍とは比べものにならないほど小さかったので、参謀優遇と怨嗟《えんさ》の声も上がらなかったように見受けられる。終戦時、大本営陸軍部は四部・十一課、海軍部は四部・十二課とほぼ同じ陣容だった。しかし、各部隊の幕僚機構は段違いで、開戦時の連合艦隊司令部は、参謀長と十二人の参謀のみだ。一方、関東軍司令部は参謀長、参謀副長の下、四課に分かれ、幕僚は数十人という規模だった。

幕僚優遇の問題は、参謀そのものの地位や、指揮官との関係まで探らないと本当の姿が浮かんでこない。

ドイツ軍は、近代的な幕僚機構を造ったプロイセンの時代から独特なスタイルをとり、歩兵科などと同じく独立した参謀科を設けていた。砲兵科や工兵科といった技術色が濃く、専門的な教育を重視する兵科では、「監」という役職を置いて、その教育全般を管理させた。教育を握ると、人事にも発言力が生まれる。参謀科の「監」は陸軍大学校長となるだろうし、ひいては参謀総長となる。

このドイツ軍の参謀科将校は、師団司令部から配置され、軍団、軍、軍集団の司令部には参謀長のポストがあった。参謀は指揮官の命令に従って動くものの、幕僚業務に関しては、上級部隊の参謀長に対して責任を負うことになっていたから、最終的には参謀総長に行き着くことになる。全軍のシンクタンクとして、作戦・戦略の思想を統一するために、このような形態をとったのだろう。

責任を負わせる場合、人事権を握らなければ実効性がない。そのため全軍の参謀科将校は、参謀総長の隷属下にあると理解された。将校の人事は、陸軍総司令部の人事局で行なうが、参謀科将校の人事は、参謀本部の総務課が主に行なうこととなっていた。

各国共にドイツ軍の参謀本部を手本にしたが、この参謀科の独立や二系統の人事管理を受け入れなかった国も多い。日本陸軍は、草創期のごく短い期間、参謀科を設けたものの長続きはしなかった。陸軍大学校を教育総監部の管理下に置かずに、参謀本部の所管としたのはドイツ流だ。参謀の人事を別枠とする二系統の人事管理は、制度としては確立させなかったが、慣例として受け入れていた。

日本陸軍における将校の人事は、陸軍省、参謀本部、教育総監部の関係業務担任を定める「省部協定」で、「三長官（陸相、参謀総長、教育総監）の協議決定による」とされていた。この取り決めは、将官人事に限られ、そのほかは陸相の権限で、人事局長がこれを補佐する。大正十三（一九二四）年から実質六年にわたって陸相を務めた宇垣一成《かずしげ》のように、この取り決めを否定し、将官の人事権も陸相のみにあるとした人もいた。三長官協議は、あくまで部内限りの申し合わせだから、法律的には、宇垣の言い分が正しい。

人事の実務は次のように行なわれた。将官人事の原案は、陸軍省の人事局長が作成し、これを三長官協議にかける。佐官の人事は、人事局の補任課で行なう。尉官の人事は、師団長など所管長官の上申によって陸相が決裁する。実際に師団で人事案を作成するのは高級副官だった。准尉、下士官、兵の人事は、所管長官が取り扱う。

ところが参謀適格者は、慣例的に別扱いとなっていた。陸軍大学校の三年コースの本科、一年コースの専科を修了した者、もしくは参謀要務を修得した者が参謀適格者となる。彼らは全将校を序列付けして収録した『陸軍現役将校同相当官実役停年名簿』のほかに、特別な名簿に載せられる。そして参謀の職務に就いていない時でも、参謀適格者の考課表は参謀本部総務部にも送られ、次の人事の参考にされる。

昭和十二年十一月、大本営が開設されると、その勤務令の附則で、「人事に関しては参謀本部総務部長と陸軍省人事局長との協議により細部を定める」となり、慣例が成文化された。この時点で参謀適格者は九百人前後だった。戦時に入り、師団の増設、高級司令部の新設と、参謀適格者がいくらいても足りないほどとなり、そのため常に参謀本部側の要望が通ることとなった。

◆エリート意識の根源

大正初頭、中学への進学率は七パーセントほど、大学になるとなんと〇・六パーセントだった。中学を卒業すれば社会的にエリートと認められる時代に、その中学から幼年学校、士官学校、兵学校に進むとなれば、「自分は選ばれし者」と胸を張るのも無理はない。さらにその中の一割ほどに選ばれて、陸軍大学校、海軍大学校で学んだとなるとエリート中のエリートと天狗《てんぐ》になるのも仕方がない。

天保銭と無天組との関係がとげとげしいことが、昭和十一年の二・二六事件に大きく影響していると考えられた。そこで同年五月に陸大卒業徽章の天保銭は廃止された。しかし、天保銭を着けた右胸下の穴は軍服に残る。笑えることに、それから新調した軍服にも穴を開ける。それほど陸大の権威は高かったということにしろ、子供じみた話ではある。

徽章はなくなったが、軍人ならば誰でも憧れた燦然《さんぜん》と輝く金モールの参謀飾緒《しょくちょ》は残っている。無天組はまず吊れない。あの飾緒は、鉛筆を吊る単なる紐《ひも》が起源だといっても、権威の象徴となってしまっているから、なにをいっても無駄で、吊っている者はふんぞり返り、吊れない者は羨望《せんぼう》の眼差しで見る。

陸大出の参謀適格者は、さらに無形の要素を誇った。前に述べた二系統に分かれている人事がその理由だ。

人事権は陸相にある。では、その陸相とはなにかと得意の理屈が始まる。陸相は国務大臣の一人であり、文官として天皇を輔弼《ほひつ》している。武官たる軍人の人事が文官に握られているとは、なんとも惨めな話ではないかとなる。

では、一握りの参謀適格者はどうか。これは参謀本部が差配しているから、人事権は参謀総長にあるとなる。参謀総長とはなにか。参謀本部においては、天皇に直隷して帷幄《いあく》の軍務に参画する者だ。大本営陸軍部では、大本営の幕僚、諸機関を統督し、帷幄の機務に奉仕し、作戦を参画し、奏上して勅裁を受け、各独立指揮官に伝達する任務を負っている。その「奉勅伝宣《ほうちよくでんせん》」の四文字は重い。

大元帥である天皇に直接、隷属する最高のスタッフである参謀総長を頂点とする参謀というカーストに属すれば、江戸時代の直参旗本になった意識となる。文官に人事権を握られた連中とは、格が違うのだと肩をそびやかすことになった。特に二系統の人事が成文化された大本営では、その意識が著しく、戦争に負けてからも「大本営参謀」の肩書を使い続ける人も見受けられた。

海軍の場合、海軍省の権限が強く、軍令部には人事を扱う部署はなかった。海軍大学校を出た参謀も含めて、海軍省の人事局で一本化されていた。そのためか、同じように参謀飾緒は吊りながらも、海軍の参謀はそれほどエリート意識を持たなかったように見受けられる。幕僚よりも船乗りとしての技能が重視されていたからとも思える。

過剰なエリート意識に支配された陸軍の参謀は、幕僚統帥に走るのも必然だった。下克上とも表現されるが、自分達に「下」という意識がまったくないのだから、この表現は適切ではない。この悪しき例はいくらでもあるが、ここでは昭和十四（一九三九）年五月から九月のノモンハン事件に見てみる。

◆ノモンハンの幕僚統帥

昭和十三（一九三八）年七月から八月、朝鮮北部、豆満江下流部の張鼓峰《ちょうこほう》で国境紛争があり、朝鮮軍は苦戦し、国境線はソ連側の主張を認める形となった。これにいたく刺激された関東軍は、翌年四月に『満ソ国境紛争処理要綱』を定めた。その内容は、従来からの方針「侵さず、侵さしめざる」を踏襲している。ところが、国境線が不明瞭な場合、その地域の司令官が自主的に国境線を認定して、第一線部隊に明示し、万一衝突したら必勝を期せという点が大きな問題を引き起こす伏線となった。これを起案したのは、例の人物、関東軍司令部第一課の参謀、辻政信だったとされ、これまた有名な服部卓四郎も関与しているとされる。

満州国のハイラルの南西百八十キロ、ノモンハン付近の国境線は画定していなかった。関東軍は漠然とハルハ河の流線と考え、モンゴル側は清朝時代にホロンバイル草原と外モンゴルを分けたハルハ河右岸の線だとしていた。モンゴル軍がハルハ河を越えたと聞いて、関東軍の第二十三師団が出動して交戦状態に陥った。

日華事変を戦っているので、ソ連軍と事を構えるのは避けるべきと、東京の中央部は事件の拡大を防止するよう措置した。ところが関東軍司令部は違っていた。中国で戦っているのに、最強を誇る関東軍がその実力を見せる場がないとの欲求不満になっていた時にチャンスが訪れたのだ。しかも鉄道の端末から戦場まで、日本軍は百八十キロ、ソ連軍は七百キロに達する。補給のうえだけでも日本側が絶対に有利で、ソ連側を圧倒できると踏んだのだろう。

そこでまず航空進攻作戦を東京に内緒で決行することとなった。ところが、話が漏れて参謀次長が中止を求める電報を打ち、さらに特使を関東軍に派遣して航空作戦を中止させようとした。関東軍司令部、特に作戦を担当する第一課は、なんと参謀次長の電報を握り

図版5　ノモンハン事件

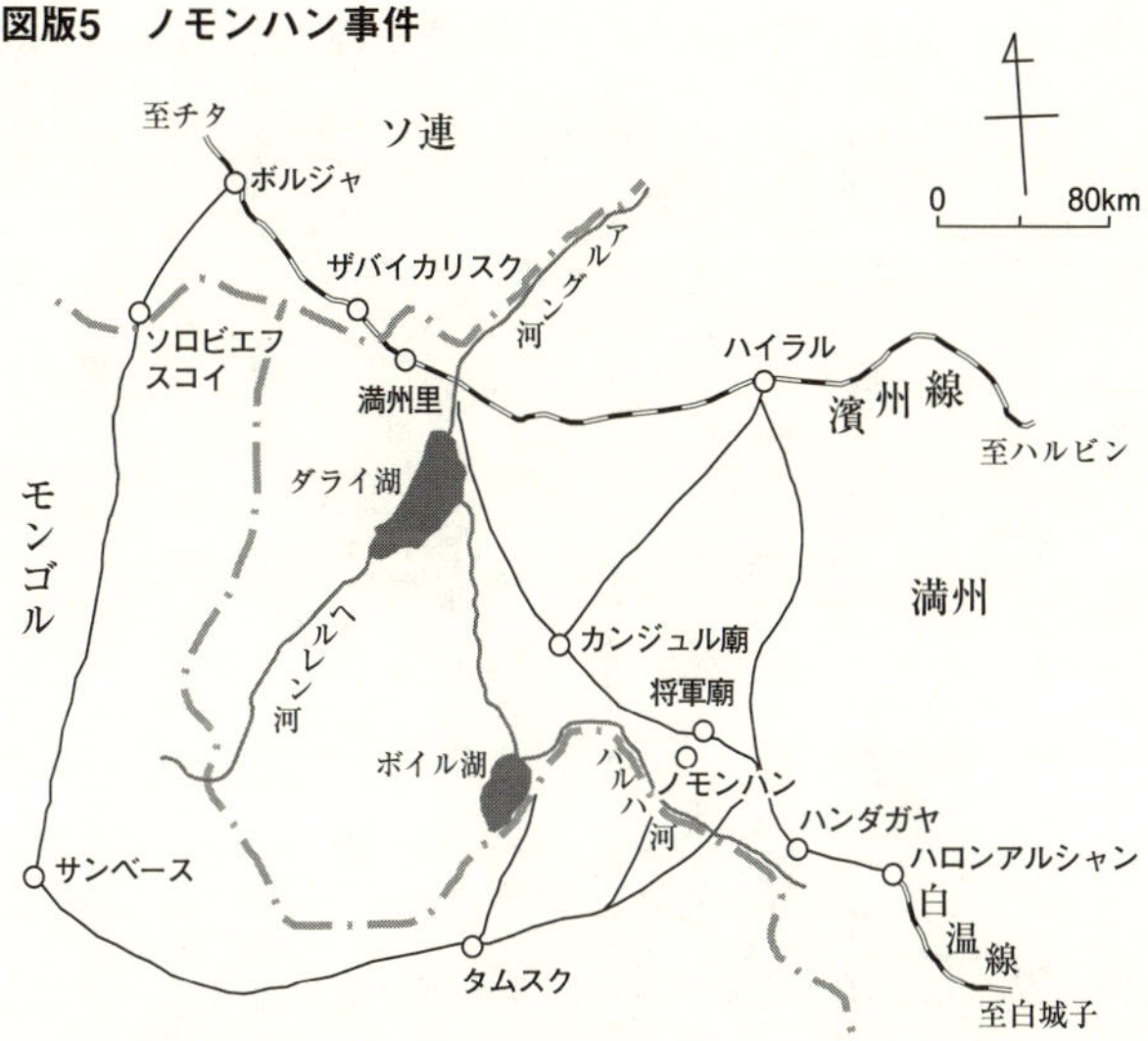
0
80km
至チタ
ソ連
ボルジャ
ザバイカリスク
アルグン河
ソロビエフスコイ
満州里
ハイラル
濱州線
至ハルビン
ダライ湖
モンゴル
満州
ヘルレン河
カンジュル廟
将軍廟
ボイル湖
ハルハ河
ノモンハン
ハンダガヤ
ハロンアルシャン
白温線
サンベース
タムスク
至白城子

潰し、さらに「止め男」が到着する前にモンゴル領内の航空基地タムスクを空襲した。

参謀本部第二課長の稲田正純《まさずみ》と関東軍司令部第一課長の寺田雅雄は、陸士二十九期の同期生だったこともあり、遠慮会釈のない激烈なやり取りとなった。そして参謀次長は関東軍の参謀長に詰問電を打った。「事前に連絡なかりしを甚だ遺憾としあり」「極めて重大にして貴方限りに於て決定せらるべき性質のものに非ず」と異例な強い文言が並んでいた。結びは「右依命」、参謀総長閑院宮載仁《かんいんのみやことひと》の命令で参謀次長の中島鉄蔵が打電したとの意味となる。

これに対する関東軍の返電がすごかった。「北辺の守りを固めて日華事変の解決に貢献しようとしているのだ。いささか認識の違いがあるようだが、こんな些細《ささい》なことは安心して任してくれ」との内容だった。その結びも「右依命」、この場合は関東軍司令官植田謙吉の命令で参謀長の磯谷廉介《いそがいれんすけ》が打電したとの意味になる。

この言い草はなんだと大きな問題となって調査したところ、驚くべきことに植田も磯谷も、そんな返電が打たれたことすら知らなかった。少佐の辻政信が文案を作り、誰にも見せずに司令官の印を押して打電したことが発覚した。幕僚統帥の典型的な例として、今に語り継がれている。

では、この辻政信の行為は陸軍刑法のなんの罪に該当するのか。そもそも権限がないのだから、その乱用の擅権《せんけん》の罪ではない。辱職の罪かといえば、関東軍司令部に勤務する参謀という職を辱めているかどうかむずかしいところだ。抗命の罪かといえば、正面切って抗命しているわけでもない。そんなことでうやむやに終わった。

もちろん、これだけが理由ではないが、事件後に関東軍司令部一同は更迭された。寺田は戦車学校、服部は歩兵学校、辻は華中の第十一軍司令部付に飛ばされた。しかし、服部と辻はすぐに中央に復活し、太平洋というさらに大きな舞台が用意されたとは、奇怪なことで、陸軍には人がいなかったのかということになる。

◆**根付かない「チーム」**

指揮官と参謀の関係は、ラインとスタッフという言葉に置き換えられて、組織論でよく取り上げられる。軍隊においては、次のような関係だと整理される。すなわち指揮官は方向性を明示し、リーダーシップを発揮して部隊を引っ張る。参謀は指揮官の手足となって補佐し、その意図を命令として具体化する作業を担当する。ようするにこれは一つのチームなのだ。

簡単な理屈で、誰にでも理解できることだが、日本軍ではこれが正しく認識されなかった。そのため、前に述べたノモンハン事件で起きたような信じられない出先幕僚の独走、いわゆる幕僚統帥となってしまった。

日本軍が整備された高級司令部機構をもって戦った最初は日露戦争で、満州軍、第一軍から第四軍、そして鴨緑江軍の司令部があった。この司令部そのものが始終ゴタゴタしていたことは、よく知られている。

戊辰《ぼしん》戦争や西南戦争などでの実戦体験を基にして作戦を指導する司令官と、創設間もない陸軍大学校でドイツ兵学を修めたと自負する参謀とが、あるべき関係を保てなかったのだ。またこの参謀達は、エリート意識や個性が強い人ばかりで、妥協というものを知らない。そのためチームという感覚が生まれず、参謀同士で衝突を繰り返した。

そんな中でも満州軍と第四軍の司令部は、あるべき姿に近かったと評価されている。満州軍の総司令官は大山巌《いわお》、総参謀長は児玉源太郎と超大物だから、これに逆らうと軍歴を棒に振りかねないから服従する。だから司令部に波風が立たない。

第四軍司令部がまとまっていた理由は、いかにも明治の日本らしい。軍司令官は鹿児島の野津道貫《みちつら》、参謀長は宮崎出身ながら野津の女婿の上原勇作、参謀副長は福岡の立花小一郎、参謀には鹿児島の町田経宇《けいう》がいた。まだ藩閥意識が濃厚な時代であったから、この九州連合軍のまとまりがよいのも当然だ。それ自体は結構なことだったが、この上原勇作という特異な性格の人が中心になったこともあり、これが大分県人を除く薩肥《さつひ》閥に発展し、陸軍に深刻な影響を及ぼすこととなる。

これら円滑に機能した満州軍や第四軍の司令部には、勝利に向かって突き進むチームという意識があったのだろうか。それはむしろ東洋的な「心服した」「心服させた」という関係とした方が理解しやすい。さらには親分、子分という意識が団結の紐帯《ちゆうたい》であったように見受けられる。

海軍は人事の系統が一本で所帯が小さく、まとまりがよいといわれてきた。しかし、太平洋戦争開戦前後の連合艦隊司令部は、参謀長の宇垣纏《まとめ》の下、一糸乱れぬチームとはいえないとするのが定説だ。わずか十二人の参謀なのに、山本五十六司令長官に可愛がられた者とそうでない者がはっきりしており、それが山本の瑕瑾《かきん》だとすら語られている。

自分が望むチームを組むには、これといった特定の人を名指しで引っ張る恋愛人事が必要となる。陸軍でこれがやれたのは、超大物に限られる。

東条英機は昭和十五（一九四〇）年七月に陸相に就任すると、周囲の少壮幕僚を自分の色に染め上げた。それは、強引な引き抜き人事となって顰蹙《ひんしゅく》を買い、陸軍の団結を阻害したともいわれている。東条のライバルと目された山下奉文《ともゆき》も恋愛人事をやれた人だった。シンガポール攻略の第二十五軍司令官となった山下は、参謀本部の運輸や船舶の専門家を軍参謀に引き抜いた。フィリピン防衛の第十四方面軍司令官に転出する際は、南方軍や中央との折衝に必要と考えてか、部内の実力者とされていた武藤章《あきら》を参謀長に望み、その人事を実現させた。

これらはごく希有《けう》な例で、ほとんどの場合、あの人をと望んでも、人事当局者に鼻先で笑われるのがおちだった。望んだ人がきてくれなかったで済まされれば、まだましで、往々にして「彼奴がきたら困る」と思っていると、その困った人がやってくる。その逆で、「あの人の下だけはごめんだ」と祈っていると、まさにその人の下に回される。「人事屋とは、人を困惑させるのが仕事か」という恨み節もよく聞かれた。

少なくとも日華事変が始まってからの高級人事を見ると、勝利のチームを作ろうという雰囲気はまったくない。それどころか、最強のチームになるかに見えると、それを壊そうとする場合すらある。均一化を求める日本人の特性だから仕方がないにしろ、それも敗因の一つとはいえるだろう。

◆制服人事の再考を

日本人は、人事に異常なまでの興味を示すものの、人事の内容そのものは拙劣だということを旧陸海軍に見てきた。俗にいえば、「下手の横好き」ということになる。

まったく納得できない人事も、「人事はひとごと、他人事」「巡り合わせで軍隊は運隊」と自分に言い聞かせる。後輩が先輩の自分を追い抜いて顕職に就いたりしても、人はそう見ていたのかという評論家の立場となって自らを慰めることもできる。そのような諦観《ていかん》にも似た意識が生まれる前提には、人事を差配する者も同じ制服を身にまとっている同士だからという絶対的な条件がある。

ところが昭和二十五（一九五〇）年に創設された警察予備隊以来、日本の武装集団では階級を持たない文官が制服の人事を握ってきた。もちろん各国でも、高級人事には政治的配慮がなされる場合が多い。しかし、文官である官僚が制度として軍人の人事権を行使するのは異常というほかはない。

陸海空の自衛官の人事権は、防衛省の内局（内部部局）が握っている。その範囲は、一佐（大佐）以上とするのが慣例だが、二佐（中佐）以下の人事権も各幕僚監部に委任しているだけだとする解釈が一般的だ。予算の配分もさることながら、この人事権こそが内局の絶対的権力の根源となっている。

各幕僚監部の人事部が作成する案は、内局の人事教育局に上げられ、特に高級人事は事務次官の了承を得る。局長が決裁しても、事務次官が納得しなければ、その人事案は葬り去られる。事務次官になるほどの人ならば、上がってきた人事案を鷹揚《おうよう》に認めるかといえば、実はそうではない。

部隊の実情を知ってか知らずか、「あんな奴だめだ。飛ばせ。あいつがいるだろう、あいつをこのポストに就けろ」と、罵声を上げて横槍を入れる人もまれではない。各幕僚監部の人事案に介入し、自分の思うようにする事務次官ほど大物視される困った風潮すらある。定年を延長してまで防衛省の事務次官の椅子にしがみつき、なんと「天皇」とまでいわれたものの、結局は夫婦共々逮捕された人のことは記憶に新しい。彼は積極的に自衛官の人事に介入し、それによって己の権勢を絶対的なものにしたと語られている。

同じような勤務を経験して現場を知る者、同じ制服を身にまとっている者、それによる人事でなければ、士気すなわちモラールが高揚するはずがない。モラールなき武装集団は、いざという時に役立たないばかりか、その国にとって危険な存在ですらある。これはシビリアン・コントロールうんぬん以前の問題だろう。

警察予備隊本部が、保安庁内局となり、防衛庁、防衛省の内局に引き継がれた。この部署は軍政を扱うとされているが、当初その権能は往時の陸軍省や海軍省の軍務局に相当するものと理解されていた。予算を扱い、国会対策などの汚れ役をこなす部署ということだった。それがいつのまにか、軍令を扱う警察予備隊時代の総隊総監部や保安庁時代からの幕僚監部の上位を占める垂直関係となり、人事や部隊運用も含めたあらゆる権能を手中に収めてしまった。

どうしてこうなってしまったのか、はっきりとした説明はなされてこなかった。そのような不可解な組織は、不祥事の温床となる。防衛省になり、大きな事件があったことを奇貨とし、まず制服組の人事権がどこにあるべきかを見直すときだろう。

第四章　誤解された「経済」の観念

◆表裏一体の「経済」と「集中」

全軍の意思を統一するため、戦いの原則＝ドクトリンを定め、野外令＝フィールド・マニュアルなど基本的な教範の巻頭に列挙するのが一般的だ。その内容だが、出所は一緒のようで、ほぼ各国共通となっている。その中の一項に「経済」があるのが通例だ。

この「経済」という言葉は、周知のようにエコノミーの訳語だ。これは隋代の対話録『文中子』にある「経世済民」からきている。「世をおさめ、民をすくう」の意味で、これをエコノミーにあてはめたことは、名訳であるとされる。ところが世間一般で経済というと、金もうけ、懐のやりくり、安上がり、倹約といった意味に使われる。

軍事でいうところの経済とは、経世済民でもなく、また金銭にまつわる話でもない。陸上自衛隊の『野外令』（昭和六十年版）では、戦いの原則の一項「経済」を次のように定義している。

「限られた力で戦勝を獲得するためには、あらゆる戦闘力を有効に活用しなければならない。このため、目的を効率的に達成する方策を追求するとともに、決勝点以外に使用する戦闘力を必要最小限にとどめることが特に重要である」

これを簡単に言い換えると、「戦力は有限なものだ。だから、どこにでも敵にまさる戦力を向けて攻めることはできない。また、すべてを守ることもできない。だから、重点を形成しなさい」となるだろう。「経済」と「集中」は表裏一体であることも理解できる。

旧陸軍の基本的な教範である『統帥綱領』(昭和三年制定)には、ストレートに「経済」とは掲げていない。しかし、その第一項「統帥の要義」には、日本は「寡少の兵数、不足の資材」とあり、それをどうにかするというのだから、「経済」を説き、「集中」を求めていることになる。

マニュアルでは正論を掲げているものの、いざ実際となると戦いにおける経済の真の意味を忘れ、通俗的な経済観念に支配されるケースが目立つ。日本軍の場合は特にそうだと思う。「足りないだろうが、これでやれ。足りない部分は創意工夫で補え。頭を使え」といったことがあまりにも多かったのではなかろうか。糧食の現地調達など、その最たるものだ。とにかく安上がりに勝とうという意識ばかりが先行している。

吝嗇《りんしょく》という表現が適当と思うが、そういってしまうと武人として格好がつかない。そこで「寡兵《かへい》をもって衆敵に当たる」と語ってきた。この考え方が、昔から日本を支配してきたかと思えば、実はそうではない。

天正十八（一五九〇）年、豊臣秀吉は無駄とも思える戦力を集中して小田原を攻めた。慶長二十（一六一五）年、徳川家康は圧倒的な兵力をもって大坂城を攻撃して、豊臣家を滅ぼした。歴史に残る名将は、敵がグウの音も出ない状況を作るのが、合戦の極意であることを知っていたことになる。しかし、このような戦い方は弱いものいじめのようで日本人の琴線に触れないし、勝って当たり前の合戦は講談にならない。

広く語り継がれた秀吉の戦いといえば、永禄十（一五六七）年の稲葉山城攻めだ。城の背後の断崖をよじ登り、十数人でやった奇襲で、今日でいうところのコマンドウ作戦だ。大坂夏の陣では、真田幸村による敵陣突入が講談の格好の材料となる。ほかには、源義経の鵯《ひよどり》越え、織田信長の桶狭間と、少数精鋭による奇襲ばかりが取り上げられる。よく耳にするから、それが合戦の極意と誤って伝えられたのだろう。

戦前の日本は、前に述べた『統帥綱領』にもあるように、持たざる国、貧しい国だったから、仕方なく世俗的な経済観念を追求したのだという弁解は成り立つ。それにしても倹約、安上がりにとやって、それで勝てたらめっけものという姿勢はいかがなものか。

そんな貧乏根性は、古来から兵家の戒めとされてきた逐次投入の弊をもたらす。「これでやってみろ……だめだったか、では追加を出す……まだだめか、この野郎」と意地になり、際限がなくなる。初めから十分過ぎると思える兵力、そうでなくとも全力を振り絞っていれば損害も少なくなるものだし、ボヤのうちに始末できたのにと悔やむ結果となる。その典型的な例が、日華事変の緒戦だった。

◆兵力を出し渋った日華事変の緒戦

日華事変が始まった昭和十二年度における日本陸軍の作戦計画によると、華北で作戦する場合は五個師団を投入するのが基本で、状況に応じて三個師団を増加するとなっていた。上海を中心とする華中の場合、三個師団で上海付近を確保したうえで、二個師団を杭州湾に上陸させるとなっていた。

日中が衝突してすぐさま、この作戦計画通りに動いていれば、日華事変はまた別の形になったのにとの繰り言も、反省の資として耳を傾けるべきだろう。緒戦の大事な時期に、兵力を小出しにし、中国軍の戦意を高め、和平の道を閉ざしてしまった。緒戦における日本側の対応を見てみよう。

盧溝橋《ろこうきょう》事件の突発が昭和十二（一九三七）年七月七日の夜、その第一報が東京に入ったのが八日早朝だった。同日午後六時過ぎ、参謀本部は支那駐屯軍に対して事件の拡大防止を指示した。また同じ頃、陸軍省は七月十日に除隊予定の二年兵について、京都以西では除隊延期の措置をとった。これが事変に応じた兵力運用の初動となる。

中国軍主力が北上の構えを見せたため、十一日に支那駐屯軍の増強が決定された。そのために内地の五個師団を動員する予定としたが、当面は三個師団に止め、それも内定ということにして情勢を見ることとなった。まず華北に送る部隊は、関東軍の混成旅団二個と航空部隊、朝鮮軍の第二十師団とされた。関東軍の部隊は十九日までに北京、天津一帯に展開する予定。第二十師団は、十二日に応急動員を始めて、十六日に衛戍《えいじゅ》地を出発することとなった。

現地では交渉と小競り合いが続き、中国軍の北上も本格化し、京漢線と隴海《ろうかい》線がクロスする鄭州《ていしゅう》付近に集中しつつある。そして十七日、蔣介石は廬山《ろざん》で「最後の関頭」と演説し、これが十九日に公表され、事実上の宣戦布告となった。しかし、それでも日本は内定していた内地三個師団動員の決断を下さない。不拡大方針を堅持する参謀本部第一部長の石原莞爾が動員に同意しないのだ。

二十五日夜、北京と天津のほぼ中間、郎坊で通信線の補修を掩護《えんご》していた日本軍一個中隊が攻撃されて死傷者を出し、天津から二個大隊が救援に駆けつける事態となった。この事件の第一報が東京に入ったのは二十六日午前一時、ついに石原部長も内地三個師団の動員を決意した。さらには同日午後七時、北京に入ろうとしていた一個大隊が広安門で攻撃された。

事態がここまで進むと、不拡大方針に基づく平和解決は望めなくなり、参謀本部は武力行使を容認した。二十七日の閣議で内地三個師団の動員が承認され、同日午後五時から六時にかけて、広島の第五師団、熊本の第六師団、姫路の第十師団の動員が始まり、華北派遣が命令された。これらの部隊の先頭が釜山《プサン》に上陸したのは、八月四日からとなった。

華北の情勢が悪化すると、上海を中心とする華中も緊張しだした。八月六日、日本政府は揚子江流域の居留民の引き揚げを命令し、九日には海軍の大山勇夫中尉らが中国の保安隊に射殺される事件が起きた。そして中国軍は二万人を上海に集中した。これに対する日本側の警備兵力は海軍陸戦隊の四千人と手薄だった。

この事態を憂慮した米内《よない》光政海相は、八月十日の閣議の席で、陸軍の動員準備を要請し、杉山元《はじめ》陸相はこれに同意した。ここでもまた石原莞爾部長は強く反対した。華北に出兵し、さらに華中に部隊を出すなどとんでもないというわけだ。しかし、陸相が閣議の席で同意した以上、部長の力では阻止できない。また、居留民の保護という名分には反対し続けられるものではない。

では動員して上海に派遣する兵力を、どのくらいにするか。石原部長の必要最小限という意見で二個師団となった。名古屋の第三師団、香川県・善通寺の第十一師団の動員を開始したのが八月十六日。同月二十日、両師団の先頭は戦艦「長門」「陸奥」に乗船して急行し、舟山群島沖合で小艦艇に乗り換え、上海に上陸を始めたのは二十三日となった。

この上海に急行した第一陣の歩兵大隊七個は、敵前上陸を強いられ、大きな損害を被った。なぜ敵に制圧されている地域を上陸地域に選んだのか、もっと早く派兵を決断していれば敵前上陸にならなかったのにと、石原部長を批判する声が噴出した。

もちろん華北も華中も兵力が足りない。昭和十二年八月末の時点で華北には八個師団、十二月の華中には九個師団を数えるまでになった。前に述べた昭和十二年度の作戦計画と照らし合わせると、華北では限度一杯、華中では計画よりも四個師団多くなってしまった。それでは、内地三個師団の動員を渋り続けた意味はなんであったのか。初めから華北に五個師団を投入すれば、また内地師団を動員して日本の決意を鮮明にすれば、中国側の出方もまた違っただろうと、従軍した多くの人が残念がる気持ちはよく理解できる。

◆動員の経済学

昭和六（一九三一）年九月の満州事変では、速戦即決の見事な手並みを見せた石原莞爾が、なぜ六年後には遅疑逡巡《しゅんじゅん》を重ねたのか。世界最終戦に向けた高度国防国家建設がようやく緒に就いたばかりの時に、中国と戦うべきではない、不拡大方針を堅持すべきだという信念から、内地三個師団の動員を渋り続け、また上海には必要最小限の二個師団しか送らなかったと説明されてきた。

一般的にこの不拡大方針は今日なお評価され、石原莞爾の名前が語り継がれることにもなった。「日中、戦うべからず」との哲学はさておき、実はもう一つ渋り続けた理由がある。動員は多額の予算を食う大仕事だからだ。

昭和十二年七月の時点で日本陸軍は、十七個師団を基幹とする総兵力約二十四万人だった。師団の配置は、内地に十個、朝鮮軍に二個、関東軍に五個であり、これが常設師団と呼ばれていた。師団の平時編制は、兵員約一万二千人・馬匹約千六百頭であり、これに動員をかけて約二万五千人・約八千二百頭の戦時編制にまで膨らませる。

情勢がさらに進めば、常設師団を基にして特設師団を生み出す。昭和十二年度の動員計画によると、特設師団は十三個まで編成するとしていた。常設と特設を合わせ三十個師団、これが国力の限界と考えられていた。昭和十二年八月、華北に増援を送るため三個師団が動員されたが、そのうち第百八師団と第百九師団が最初に編成された特設師団となる。

兵員の動員は、まず参謀総長もしくは陸相が大元帥である天皇に上奏し、天皇は陸相に対して裁可する。陸相は動員令を師団長に下す。師団長は連隊区司令官に伝達し、そこから各市区町村に伝わり、役場の兵事主任が召集令状（赤紙）を発出して兵員を集める。一般の行政機関との連携は緊密であるし、交通機関も当時としては整っていたので、この兵

図版6　師団の平時編制と戦時編制
（昭和11～12年、野砲装備の常設師団）

上段＝平時
下段＝戦時

	人員	馬匹	備考
師団司令部	70	14	
	330	165	
旅団司令部	5	4	2個
	75	20	
歩兵連隊	1996	71	4個
	3747	526	
騎兵連隊	419	332	
	452	429	
野砲兵連隊	1211	615	
	2894	2269	
工兵連隊	536	18	
	672	99	
輜重兵連隊	1495	302	
	3461	2612	
師団通信隊	133	19	
	255	47	
師団兵器勤務隊	0	0	戦時のみ
	121	?	
師団衛生隊	0	0	戦時のみ
	1101	128	
師団野戦病院	0	0	戦時のみ 4個
	236	75	
総計	11858	1592	
	25375	8197	

『近代戦争史概説』陸戦学会編より

員の動員は各国と比べて格段に早かった。

これがいわゆる「一銭五厘の赤紙」で、葉書代で引っ張られたと、これまた反軍思潮を増幅させた。ところが実際には、役場の兵事課職員が歩いて配るので葉書代もかかっていない。本籍地に届くから、家族が本人へ速達で送る場合があっても、その郵送代は各人もち、国は一銭も出さない。しかも召集された人は、自分の足で出頭してくるから、これまた国の負担はない。なんとも安上がりな話だ。

ところが当時、機動や補給を支える軍馬を集めるとなると、そうはいかない。日露戦争中の明治三十七（一九〇四）年から三十年計画で軍馬百五十万頭確保とその品種改良がなされていた。一応、目標の頭数は達成し、昭和十一年からは第二次三十年計画を進めていた。当時、軍馬一頭は百円から四百円する。これを買い上げ、鉄道輸送で港湾まで運び、輸送船に乗せて戦地に送るのだから大仕事となる。そのため各師団は戦時編制上の馬匹定数を充足できなかった。それだから補給が追いつかないという事態となる。

装備、弾薬、資材となると、産業基盤そのものの整備から始める軍需動員となる。小銃一挺《ちょう》百円、野砲一門二万円という時代にしろ、動員可能な三十個師団すべての戦時所要を整える予算をどうするか長年の懸案で、思うように進まなかった。日華事変が始まると、すぐにこの問題を解決することが迫られるが、事変勃発は軍備充実のチャンスでもあったことになる。それが不拡大方針が崩れる大きな要因だった。

軍需動員を始めるとはいっても、すぐに戦時三十個師団分すべてとはいかず、当面は半分の十五個師団分となった。それでも当初予算は二十五億円が必要と試算された。参謀本部第二課（当時は戦争指導課）と陸軍省軍事課とが折衝を重ね、昭和十二年度予算内で約二十億円を確保している。

動員して部隊を戦時編制とすれば維持費も急増する。当時、師団一個を戦時編制にまで充足して、その態勢を三カ月維持するのに一億円を必要とした。これらの予算案は、陸相が閣議に提出し、その同意の下、国会に上程して可決される見通しがついて、ようやく動員、派兵に踏み切れる。

閣議の調整、国会審議となれば、軍事的合理性よりも世俗的な経済の原則が働く。ようするに銭勘定をしながらやっているのだから、後手、後手に回るのも仕方がないし、安上がりに勝とうとなるのも必然だった。

これらの予算措置によって、国家財政は限界に追い込まれた。昭和十一年度の一般会計と臨時軍事費特別会計を合わせ二十二億八千万円、うち直接軍事費（陸軍省費、海軍省費、徴兵費の合算）十億九千万円だった。それが昭和十二年度になると、それぞれ四十七億四千万円と三十二億七千万円となっている。国債の乱発はもとより、国家予算の七割近くを軍事費に使うとなると、国家が破産しかねない。

それでも作戦の態勢を整えた十五個師団すべてを中国戦線に向けられれば、話は簡単だった。しかし、そうはいかない。ソ連がどう動くかわからないから、満州国防衛のため関東軍に四個師団を張り付け、残る十一個師団で全面戦争を宣言している中国を相手にしなければならない。全般を見ながら、限られた兵力を運用するとなると、小出しになるのも無理はない。

苦戦を強いられている現地としては、多くの機関や部署と調整しなければならない東京の苦労など念頭にない。この兵力の出し渋りはなんなのだ、軍人にあるまじき遅疑逡巡をした結果であるとされ、中央を批判する声が高まった。それも一つの原因となり、昭和十二年九月末に第一部長の石原莞爾は退陣に追い込まれ、関東軍の参謀副長に飛ばされた。

◆敗因は逐次投入

太平洋戦争の分水嶺となったガダルカナル島（ガ島）を巡る攻防は、さまざまな側面から語られてきた。日本軍の敗因としては、海軍と陸軍の統合作戦の不手際、策源地からの距離、陸軍にとっては想定外の作戦などが上げられ、どの指摘も正しい。

特に敗因として指摘されたのは、戦場への距離の問題だろう。日本軍が根拠地としたラバウルからガ島まで五百五十海里、一方、米軍は四百海里離れたニューヘブリデス諸島を前進根拠地とした。零戦の航続距離ぎりぎりのところの作戦で苦戦したとよくいわれる。しかし、海軍の航空部隊はブーゲンビル島まで出ていたのだから、距離の点では両軍にそれほどの差はなかった。

距離の問題から敷衍《ふえん》して、補給も日本軍の敗因と特筆されている。しかし、米軍とても作戦の終始を通じて潤沢な補給を受けていたわけではない。駆逐艦はもとより、輸送用に改造した潜水艦まで投入していることは米軍も同じだ。米軍は両軍が激突している海域を補給品を満載したバージ（艀《はしけ》）を引くまでしたから、補給の苦しさにさほどの差はない。

本質的には、兵力の運用の違いが勝敗を分けた。米軍は第一海兵師団一万九千人を一挙に上陸させ、飛行場を中心に固めて運用した。一方、日本軍は常に足りない兵力を逐次につぎ込み、米軍の堅陣にぶつけてはすり潰してしまった。逐次投入が決定的な敗因だが、このくらいで勝てるだろうという日本軍の意識が問題だろう。

ガ島戦を戦うことになる第十七軍は、最初から想定外の作戦を強いられた。第十七軍は、フィジー、サモア、ニューカレドニアとニューギニアのポートモレスビー攻略のため、昭和十七年五月十八日に新設された。ところがミッドウェー海戦の敗退によって、ポートモレスビー攻略だけがその任務となっていた。

第十七軍の司令部がラバウルに進出したのは七月二十四日。そしてニューギニアに向けて兵力を動かし始めたその時、八月七日に米軍がガ島に来攻した。ところが第十七軍の手元にあってすぐさまガ島に向けられる兵力がない。歩兵第百四十四連隊を中心とする南海支隊と歩兵第四十一連隊は、ニューギニアに向けて動いている。残るはダバオにある青葉支隊（歩兵第四連隊など）、パラオにある川口支隊（歩兵第百二十四連隊を中心とする歩兵第三十五旅団）だ。

すぐに動かせる部隊ということで、ミッドウェーに上陸する予定だったが、作戦中止となったためグアム島で待機していた一木《いっき》支隊（歩兵第二十八連隊）を第十七軍の隷下に入れて、ガ島に向けることとなった。グアム島からトラック島に移動した一木支隊の先遣隊（歩兵大隊一個）は、駆逐艦六隻に分乗してガ島に急行、上陸したのは八月十八日の夜だった。

本来の作戦では、後続する部隊を待って攻撃するはずだった。ところが、モスクワの駐在武官からの情報とかで、ガ島に上陸した米軍は連隊規模で、しかも飛行場を破壊して撤収するヒット・エンド・ランの襲撃だとされた。実際、この十七日にはマキン島、タラワ島に対する小部隊による奇襲攻撃があった。それならば一個大隊で対応可能と、一木支隊の先遣隊は後続部隊を待たずに突っ込み、二十一日に全滅してしまった。

この前後に米軍は、飛行場の使用を始めて、陣地を構築して防備態勢を固めた。これは大変と第十七軍は本腰を入れて、一木支隊の残部、川口支隊、青葉支隊を送り込み、九月十二日から第一回総攻撃に出た。これも跳ね返された。

状況が明らかになると、第十七軍司令部から正論が出た。参謀長の二見《ふたみ》秋三郎は、ガ島を奪還するためには、有力な軍砲兵を付けた二個師団を固めてぶつけなければならないと論じた。彼は日華事変の当初、参謀本部第一課の動員班長で、むずかしい緒戦時の動員を差配した経験がある。

この二見参謀長の構想は、言外に奪回を諦めろと匂わせている。兵員は、自分の足を使ってなんとか上陸できるだろう。では、重装備や弾薬などの揚陸はどうするのか。軍砲兵の主装備は、四トンもあり、かさばる十五センチ榴弾砲《りゅうだんほう》だ。また、この砲一門の一会戦分の弾薬は千発、重量六十トンを超える。施設が整った港湾があっても、重装備の揚陸は大仕事なのだ。

ガ島には港湾に類するものは一切ない。火砲をデリック（クレーンの一種）で輸送船からバージに移し、それを曳航《えいこう》して海浜に至り、引っ張り上げる。野戦重砲兵連隊一個の二十四門でも大変な作業となる。しかも、熊蜂の巣のような敵航空基地の目の前で揚陸できるものなのか。不可能というほかない。

動員業務を経験し、数理に明るい二見秋三郎は、具体的な数字を挙げて説明したことと思う。これに反論できない上層部は、二見は病気に罹ったとして更迭、すぐさま予備役に編入し、即召集で朝鮮北部の羅津《ラジン》要塞司令官に追いやった。論理では反駁《はんばく》できない相手を、このように扱うのも日本軍らしいと嘆息させられる。

ジャワ島にあった第二師団をラバウルに移動させ、十月三日から九日にかけて駆逐艦でガ島に送り込んだ。駆逐艦では火砲などの重装備を輸送できないので、十月十四日に輸送船六隻を突っ込ませ、ようやく第二師団が勢揃いした。増援の第三十八師団の一部も上陸し、攻撃準備が整った。そして十月二十四日、飛行場に向けての第二回総攻撃を始めたが、思うように進展しない。そこで二十五日に予備を投入して攻撃を再興したものの、歩兵団長と二人の歩兵連隊長が戦死するほどの大損害を被り、攻撃は頓挫《とんざ》した。

ガ島にある兵力が増加すると、糧食の補給が苦しくなり、まさに「餓島」となった。それでも現地の第十七軍も、大本営もまだ諦められない。第一回総攻撃の時、第二師団の全力を投入していれば飛行場は奪回できたのにとの繰り言をつぶやきながら第三十八師団を送り続けるばかりか、朝鮮にある第二十師団や華北にある第四十一師団も投入する構えを見せた。これは執念というよりも、未練というべきだろう。

十一月の中旬までに第三十八師団のほぼ全力がガ島に上陸した。これで二個師団がそろったが、残存戦力を計算してみて愕然《がくぜん》とする。当時の師団二個といえば歩兵大隊十八個、それに一木支隊と川口支隊のそれぞれ三個大隊があるから、合計二十四個大隊を投入したことになる。ところが十一月中旬には、四個大隊相当の戦力しか残っていない。これでは作戦を続けられないと、十二月三十一日にガ島放棄が決定され、翌年二月一日から三回に分けて撤収することとなる。

ガ島戦の敗因は、兵力の逐次投入であることは当時でも語られ、参謀本部第二課長の服部卓四郎は昭和十七年十二月に更迭される形となった。しかし、転出先は陸相秘書官兼副官で、責任を取ったともいいにくい。さらに翌年十月、服部は第二課長に復活したのだから、ここにも信賞必罰がなかったことになる。

◆戦力算定の基準

集中や経済の原則を実践するにも、まず投入する戦力の算定基準を持たなければやりようがない。もちろん、一律にこうだとはいえないにしろ、ここで述べてきた日華事変の緒戦とガ島戦において、どのような算定の基準だったのか。これについて納得のいく説明を聞いたことがない。世界的には、次のような基準らしきものがあった。

第二次世界大戦中の一般的な師団は、三単位制（三個中隊で一個大隊、三個大隊で一個連隊、三個連隊で一個師団）、兵員一万五千人、最大射程十キロから十五キロの野戦砲三十数門といった規模だった。地形は無視した白紙上、カバーできる正面幅は、攻撃時三～六キロ、防御時八～十五キロとされていた。

防御と攻撃の違いによっての算定基準は、かなり重視された。小銃の性能が安定してからは、攻者三倍の原則が確立した。遮蔽物《しゃへいぶつ》に身を隠して小銃を撃つ防御側の将兵一人は、全身を暴露して進まなければならない攻撃側の将兵三人に対抗できるとの経験則からきている。機関銃、野戦砲、迫撃砲など火力がより進歩すると、さらに防御側が有利となり、攻撃側は防御側の六倍もの戦力を投入しないと突破が覚束《おぼつか》なくなったと考えられていた。

占領地を抱えた場合、そこの治安維持に当たる兵力の密度も考えなければならない。機動力を馬匹に頼っていた時代、一平方キロ当たり一人が一応の目安となっていた。このレベルを切ると、治安維持は望めない。日本が意地でも治安を確保したい北京を中心とした河北省は、面積約十九万平方キロだから、治安警備部隊が十九万人必要になる計算だ。比較的、戦況が安定していた昭和十五年末頃、華北にあった北支那方面軍の兵力密度は、一平方キロ当たり〇・三七人。これでは「面」はもとより、「点と線」どころか、「点」を確保するのが精一杯だった。

大陸戦線における日本陸軍は、なにを基準にして投入兵力を決定していたのか。そもそも事の始まりとなる満州事変の発端、奉天の北大営を攻撃した際、そこにいた中国軍は六千八百人、日本軍は独立守備隊の一個大隊六百人だった。この兵力比で戦いを挑むのは、経済的というより蛮勇というべきだろう。ところが、長年の経験から生み出した日本独自の算定基準には合致しているとされる。

早くから日本の軍人が中国の軍閥に顧問として派遣され、その実態については熟知していた。その一つが、中国軍一個師（師団）は日本軍一個大隊と同等という法則めいたものだった。中国軍の編制は一定ではないが、師は三単位制、砲兵部隊がなく、六千人から八千人の軽歩兵師団だった。それにしても、歩兵大隊一個で対抗できるとは、相手をずいぶんなめたものだ。

その根拠は、中国軍の師には迫撃砲はあるが、大砲がない。日本軍の歩兵大隊には二門の歩兵砲がある。これが決め手になるという。そしてここに攻者三倍の原則を適用し、歩兵大隊三個すなわち歩兵連隊一個を向ければ、中国軍一個師を圧倒できるとする。その場合の決め手は、歩兵連隊に装備されている四門の山砲だ。

この原則を知れば、大陸戦線での兵力運用が納得できる。さらには太平洋戦争の緒戦においても、「我の一個大隊、敵の一個師団に対抗し得る」という信念を持っていたようだ。そうでなければ、三個師団をもってマレー半島千キロを縦断し、シンガポールの堅陣を攻略しようとはしなかっただろう。

これらは攻撃の場合で、防御に回った時は、どう考えていたのだろうか。昭和十八（一九四三）年九月、日本は東正面だけでも延々五千キロを超える絶対国防圏を設定した。その基本構想は、陸海軍合わせて航空機五万五千機を準備し、縦横無尽に飛ばして来攻する連合軍を撃破するというものだった。その場合、航空基地の確保が大前提だ。そこで基幹となる大きな航空基地一個には、師団一個を配備するという基準を定めた。

どうしてここに三個師団もと思う朝鮮半島南端の済州島《チェジュド》の場合、島の北部に一カ所、南部に二カ所の航空基地があったからだ。沖縄本島の場合、北（読谷《よみたん》）、中（嘉手納《かでな》）、南

（那覇の北）、小禄《おろく》（現在の那覇空港）と四つの航空基地を抱えていた。北飛行場と中飛行場は一体化できるから、沖縄防衛の第三十二軍は三個師団基幹となる。昭和十九年十二月に一個師団が引き抜かれて二個師団基幹となった時点で、現地の第三十二軍は飛行場の確保に自信をなくし、沖縄決戦の運命が定まった。

では、なぜ航空基地一つに師団が一つなのか。ここでまた攻者三倍の原則を、自分に都合のよいように適用する。絶対国防圏の要衝サイパン島には、第四十三師団を配備した。これを撃破して航空基地を確保するには、三個師団をぶつけなければならない。三個師団を一挙に輸送するには、各種の揚陸艦艇百三十隻、船腹量七十万トンは必要だろう。そんな海上輸送は不可能だから、逐次投入せざるを得ないだろう。ならば水際で各個に撃破できるだろうとされ、「サイパンは不落」と豪語した。

事実、米軍は三個師団をサイパン島に投入した。そこまでは予測できただろうが、上陸第一日の夕刻までに、海兵師団二個の主力が上陸を完了するとは、まったく想定外だったろう。砲兵大隊四個も陣地占領を終えているのだから、日本軍得意の夜襲をもって水際撃破をしようにも、結果は語るまでもない。

◆すべてを賭けた初動の一撃

　戦争が始まると相手のある話となって、こちらの都合だけでは済まない。敵はこちらとまた違った考え方、価値観を持っているのだから、自ずと決勝点も異なってくる。決勝点が決まらないと、集中のしようがない。そうなると戦争における経済の原則は実践できなくなり、代わって節約第一と世俗的な経済の世界となる。

　日本軍もこのようなことは先刻、承知していた。決定的な場所と時に戦力を徹底的に集中できるのは、こちらが能動的に動ける開戦時だけだという、至極もっともな理屈だ。それは日本軍最高のドクトリン『帝国国防方針』を見ればよくわかる。

『帝国国防方針』は、日露戦争後の明治四十（一九〇七）年に策定され、大正七（一九一八）年に補修、大正十二年と昭和十一年に改定された。これには仮想敵国を順番に列挙し、陸海軍の兵力量が記載されているので最高の国家機密とされていた。原本は宮中に保管され、写本は首相、陸相、海相、参謀総長、軍令部長にのみ配布され、計五部しか作成されなかった。これを閲覧できるのは、参謀本部第二課、軍令部第一課に勤務する部員のみだった。そして終戦時、すべて焼却されたので、内容は関係者の記憶だけに頼っている。

明治四十年策定のものには、「……国力に鑑み勉めて作戦初動の威力を強大ならしめ速戦速決を主義とす」の一項があった。第一次世界大戦の教訓を加味したのが、大正七年補修、大正十二年改定のもので、「長期戦に堪えうる覚悟と準備を必要とす」の一節が付加された。昭和十一年改定では、持久戦が必然とされ、「速戦速決」もしくは「速戦即決」の文言が削られた。しかし、「作戦初動の威力を強大ならしむる」は生かされていたとされている。

では、この国軍最高のドクトリンをどれほど実践したか。昭和十六年十二月、太平洋戦争の開戦時を見てみよう。

海軍は手持ちの大型空母六隻をすべてハワイ攻撃に向けた。フィリピンやマレー半島にも空母を必要とする場面も考えられたが、それらに目をつぶり、経済と集中の原則に従ったわけだ。では当時、依然として海軍戦力の象徴であった戦艦群は、どう運用されたのか。ハワイに向けて二隻、マレーに向けて二隻、そして全般支援と称して瀬戸内海の柱島に六隻が錨《いかり》を下ろしていた。

太平洋戦争の開戦時、すでに戦艦は時代遅れで使い道がなかったとするのは間違いだ。敵が戦艦で迎撃するかもしれない。航空攻撃で撃沈して事なきを得たものの、英東洋艦隊の戦艦二隻は実際に出撃してきた。敵戦艦との砲戦はなくとも、その絶大な火力で上陸支援すべき場面は多かった。

そしてなにより、日本軍は全力で打って出たという印象を敵に与えることが重要だ。秀吉の小田原攻めのように、これでどうだと「位の違い」を見せつけて、敵の士気を阻喪させようという考え方が必要だ。そのためには、連合艦隊の戦艦部隊は柱島から出て行かなければならない。戦艦「大和《やまと》」と「武蔵《むさし》」を手に入れてからは、さらに艦隊保全主義に傾く。「艦隊は存在することに意味がある」というならば、戦いの原則である経済や集中を論じても意味がなくなる。

陸軍が緒戦の決勝点としたのは、シンガポールだった。この攻略に当たる第二十五軍は国軍最良の師団三個（第五、第十八、近衛）からなっていた。この三個師団が開戦と共にそろってマレー半島を南下し始めたわけではない。

十二月八日の開戦時、マレー半島に上陸したのは、第五師団の歩兵連隊三個、第十八師団の歩兵連隊一個だった。戦術単位となる歩兵大隊は十二個、砲兵中隊は七個・二十八門となる。第五師団の一個連隊は、まだ上海にいる。第十八師団の一個連隊はカムラン湾にあり、ボルネオに向かう予定。残る二個連隊は広東で乗船待ち。三個連隊からなる近衛師団は、南部仏印（ベトナム）にあり、十二月八日午後からタイに入る。

もちろん、マレー半島千キロを克服して、決勝点のシンガポール前面に達した時、三個師団が勢揃いしていればよい話だ。ところが第五師団だけがフルであり、第十八師団と近衛師団は共に歩兵連隊一個欠でシンガポールに突入した。戦いが終わり、捕虜を数えてみると、シンガポールだけで九万五千人。よくぞ歩兵連隊九個で攻略できたと、冷や汗が出たことだろう。「敵を甘く見たのが図に当たった」という司令官の山下奉文の感想は当を得ている。

これが国軍最高のドクトリン、「作戦初動の威力を強大ならしむる」の実践だった。なんとも頼りない話で、よくも国運を賭して開戦に踏み切ったと思う。結果的には無謀だったことになるにしろ、それなりの計算はしていた。奇襲によって戦端を開けば、その威力は何倍かになるということだった。だから日本は、日清・日露戦争は宣戦布告の前に武力を発動した。太平洋戦争の場合、宣戦布告の直後に奇襲する算段となる。

奇襲も戦いの原則の一つであり、あらゆる場面で追求すべきことと強調されている。しかし、よく考えてみれば奇襲の効果の多くは、心理的なものだ。奇襲された敵は、「隙を衝かれた」「まさか、どうして」という心理状態に追い込まれ、即座に対応できなくなったり、あたふたして対処がちぐはぐとなる。それを活用して戦果を拡張し、相手を圧倒しようとする。

しかし、奇襲の効果は敵の心の問題だから、定量的には測れない。それだから逆に、都合よく考えることもできる。ここに落とし穴がある。奇襲の効果を過大に評価し、そこに世俗的な経済観念を働かせ、このぐらいで大丈夫と戦力を出し渋る。また問題は、奇襲の効果は時間の経過と共に薄れることだ。信長による桶狭間のように、奇襲の一撃で勝敗が決まればよいが、そうでないと、やはり戦力の絶対量が問題になる。

戦争が始まれば、秘術をこらして奇襲を追求し、お互い様だから悪い印象もさほど抱かない。ところが奇襲で戦端を開くとなると、話は違ってくる。「寝込みを襲うとは卑怯《ひきょう》なり」という感情はどの民族でも共通だ。だから、日本は長年にわたってロシア、ソ連の復仇戦に脅えることとなった。そして現在、同盟国にすらパール・ハーバーの奇襲と嫌みを言われ続けている。これも突き詰めれば、日本人らしい経済観念に原因があったことに思いを致すと、複雑な心境にならざるを得ない。

◆「経済重視」の危うさ

一国の安全保障には、世間一般の経済観念が通用しない面が多々ある。平時においては、まったく無駄で贅沢《ぜいたく》のように見えていても、戦時に入るとかけがえのない機能を発揮するものが多い。その一例が米軍キャンプによく付設されているゴルフ場だ。近々移転されることになっている在韓米軍司令部は、ソウル市内のキャンプ龍山《ヨンサン》にあり、ここにもゴルフ場が付設されていた。ソウルのど真ん中にゴルフ場とは贅沢なりと、「米軍出て行け」の運動に拍車をかけた。

さて、このゴルフ場、米軍将兵の娯楽のためだけではない。戦時に入れば、増援部隊の野営地としての機能を果たす。十八ホールのゴルフ場が二つあれば、米軍機械化師団一個が集結して野営できるとされる。また在韓居留民の一次集合場所としての役割も果たすことになっていた。日本でも多摩市に米軍専用のゴルフ場があるが、これも極東有事に備えての重要な施設だという認識がなければならない。

平成十二（二〇〇〇）年五月、防衛庁は六本木の檜町《ひのきちょう》駐屯地から市ケ谷駐屯地に移転した。六本木の跡地には超高層ホテルが建ち、市ケ谷の庁舎も壮麗なものとなった。貴重な都市部の土地活用、すなわち世俗的な経済からすれば、満点の施策だろう。

しかし、この移転によって市ケ谷駐屯地にあった第三十二普通科連隊は大宮駐屯地に移駐し、東京都内にある陸上自衛隊の実動部隊は練馬駐屯地の第一普通科連隊のみとなった。また、都心部で数少ない集結地であった檜町駐屯地を捨てたことも、安全保障の観点から見れば損失だろう。軍事的な意味をまったく考えなくとも、大災害が東京を襲った時、檜町の駐屯地があればと嘆く場面は十分に予想できる。

安全保障政策の基本となる防衛力整備計画も、当局が発表するものは、所要経費と「お買い物リスト」だけだといっても過言ではないだろう。これは戦いの原則である「経済」を語っているのではないし、「経世済民」でもない。予算案を理論付けし、予算を獲得して消化する算段、すなわち「銭勘定」の域を出るものではない。

当局が示すものは「お買い物リスト」が主だから、世間はその価格に注目する。日本人は物の値段に敏感だから議論となる。米軍が五十億円で調達しているものが、なんで日本は百億円なのかといったことだ。ドルと円では購買力も違うだろうし、たくさん買えば安くなるのは世の常、戦闘機も例外ではない。また多額の国費が開発費として投入されているのだから、外国に売る場合、それを上乗せするのも当たり前の話だ。

次に槍玉に挙げられるのが、国産装備の価格だ。少量生産だから価格が上昇するのも無理からぬことだ。ならば、武器輸出三原則を撤廃して、外国にも売ればよいとの勇ましい声も聞かれる。残念だが、実戦でテストを重ねたブランド品でないから、日本の国産装備を買う国はまずない。

このような世俗の論理で安全保障を語るのは平時はよいだろうし、盛んに論議されることは結構なことだ。また、予算で動いているのだから、いわゆる経済的になるのも当然だ。しかし戦時、有事となって頭が切り替えられるのか、システムが変化に応じられるだけの余裕があるのか、そこが問題だろう。

第五章　際限なき戦線の拡大

◆幻の長駆三千九百海里

太平洋戦争において、日本軍が歩を進めた地域は広大だった。東はキスカ島からタラワ島への東経百七十七度の線。西はインド洋のアンダマン諸島やニコバル諸島の東経九十三度。北端はアッツ島の北緯五十三度。南端はガダルカナル島からティモール島への南緯十度の線となる。おおよそ四分の三が海洋だったにせよ、日本有史以来のとんでもない大事業だった。

しかし、戦争なのだから、「大事業でした」「すごかった」だけで済まされる問題ではなかろう。太平洋戦争の目的「自存自衛」を達成する方策はあったのか、勝てる目はあったのかが問題だ。

長年にわたり日本本土に直接、空襲の脅威を及ぼしていたウラジオストクを中心とするソ連の沿海州には、手を出せないまま終戦を迎えた。また、昭和十二年から交戦していた中国の継戦意思を失わせる決定打も、ついに見いだせなかった。ましてアメリカの本土に侵襲することなど、まったく不可能だった。

戦線をいかに拡大しても、主敵に「城下の盟《ちかい》」をなさしむることが不可能ならば、どこかで止まり、防備を固めるなり、和平交渉の糸口を探るのが常識だろう。それがいわゆる攻勢終末点の設定だ。もちろん日本もその点は十分心得ていた。緒戦の一撃が大成功を収め、さて次はどうするかと、政府も大本営も真剣に考えていた。しかし、陸軍と海軍の戦略・作戦思想の相違から結論がなかなか出ないで、ズルズルと戦線拡大が続いたと説明されてきた。

それを否定する材料もないし、そうだったと考えたい。しかし、戦勝に沸き立つ当時の雰囲気を伝え聞いたり、さまざまな勇ましいスローガンから見ると、戦略・作戦といった高い次元ではなく、より世俗的な発想で攻勢を続けたのではないかと思えてならない。

まず第一が、なんとか手にした宝の山を守るために、もう少し前に出ておこうという考え方が生まれてくることだ。さらに宝の山に立って彼方を眺めると、もっと大きな宝の山が輝いて見えて欲しくなり、また前に出る。要するにギラギラした欲望に支配された結果が、際限のない戦線の拡大ではなかったのか。

その典型的な例が、フィジー、サモア攻略のFS作戦だった。連合軍による反攻の基地となるオーストラリアとアメリカの連絡を断つ、いわゆる米豪遮断作戦といわれるものだ。軍事的な合理性があるもっともな作戦構想のように聞こえるが、本音はまた別のところにあったとしか思えない。

ＦＳ作戦に関する『大陸命』『大陸指』を見る限り、米豪遮断よりも、「重要国防資源の取得」が強調されている。具体的には、フランス領のニューカレドニア島で産出するニッケルとコバルトを狙っての作戦だった。『大陸指』第千百七十三号では、占領地統治要綱を掲げ、第一年度にはニッケル二千トン、コバルトは取得し得る最大量と細かく指示している。参謀総長ではなく、企画院総裁の指示のような内容だった。

ようするに本土から三千九百海里（七千二百キロ）先にあるレアメタルを取りに行くという話になる。ニッケルなどは、工具、装備に不可欠なものにしろ、戦争になってから、しかも戦闘を交えて入手しようというのだから、その昔の倭寇《わこう》も顔負けだ。武人として物盗りだけでは恥ずかしいからか、もっともらしい米豪遮断という作戦構想を持ち出す心情がいじらしい。

南東方面の根拠地となっていたラバウルからニューカレドニアまで千三百海里（二千四

百キロ)、その間、輸送船団を空から掩護しなければならない。二十ノットで急行しても、三日かかる航程だ。空母機動部隊はミッドウェー島に向かう。そこで、ビスマーク諸島、ソロモン諸島、さらにニューヘブリデス諸島へと航空基地をつなげていく必要が生まれた。最初の一歩、まずソロモン諸島のツラギに入ったのが昭和十七年五月上旬のことだった。そこから対岸のガダルカナル島を見ると、飛行場の適地がある。そこで七月に設営隊を送って飛行場を造成しだした。これがガダルカナル島戦の発端だった。

同年六月初め、海軍はミッドウェー海戦で大敗を喫する。そのため七月十一日、FS作戦は完全中止となった。ところが海軍は、ガダルカナル島の飛行場造成を続ける。陸軍は第十七軍をもってニューギニアのポートモレスビー攻略を目指す。海上戦力の優位が崩れても、あいも変わらず戦線を拡大しようとした。

なんのためかといえば、ラバウルの防備を固めるために前へ出たのだ。防備のために前に出る、少し矛盾しているように思えるが、これが戦線拡大の第二の理由となる。

◆トラック島を中心とする輪

ビスマーク諸島のニューブリテン島にあるラバウルは、南方作戦の要衝として語られてきた。派手な航空戦の舞台となり、戦時歌謡にも歌われたため、ラバウルそのものが戦略的に大きな意味があるかのように思う向きが多い。が、ラバウルの本当の意味は、トラック島の前衛というところにある。

第一次世界大戦中、日本は太平洋に点在するドイツ領の島嶼《とうしょ》を占領し、戦後に委任統治領とした。その中心地がカロリン諸島のトラック島だ。ここの環礁は広大で連合艦隊の全力が入泊できたし、飛行場をいくつも造成できた。本土から千九百海里(三千五百キロ)離れたここトラック島に前進拠点を構え、西進してくるであろう米艦隊を内南洋で撃破するというのが、日露戦争以降の海軍が抱いた基本構想だった。

完璧な拠点とするには、前哨を配置して警戒幕を張り出す必要がある。テンポの早い航空戦の時代に入ると、奇襲対処の必要性からも、この警戒幕の重要性は増した。そこでトラック島の東側、ウェーク島、マーシャル諸島、ギルバート諸島を確保して警戒幕を構成

図版7　トラック島を中心とした中部太平洋

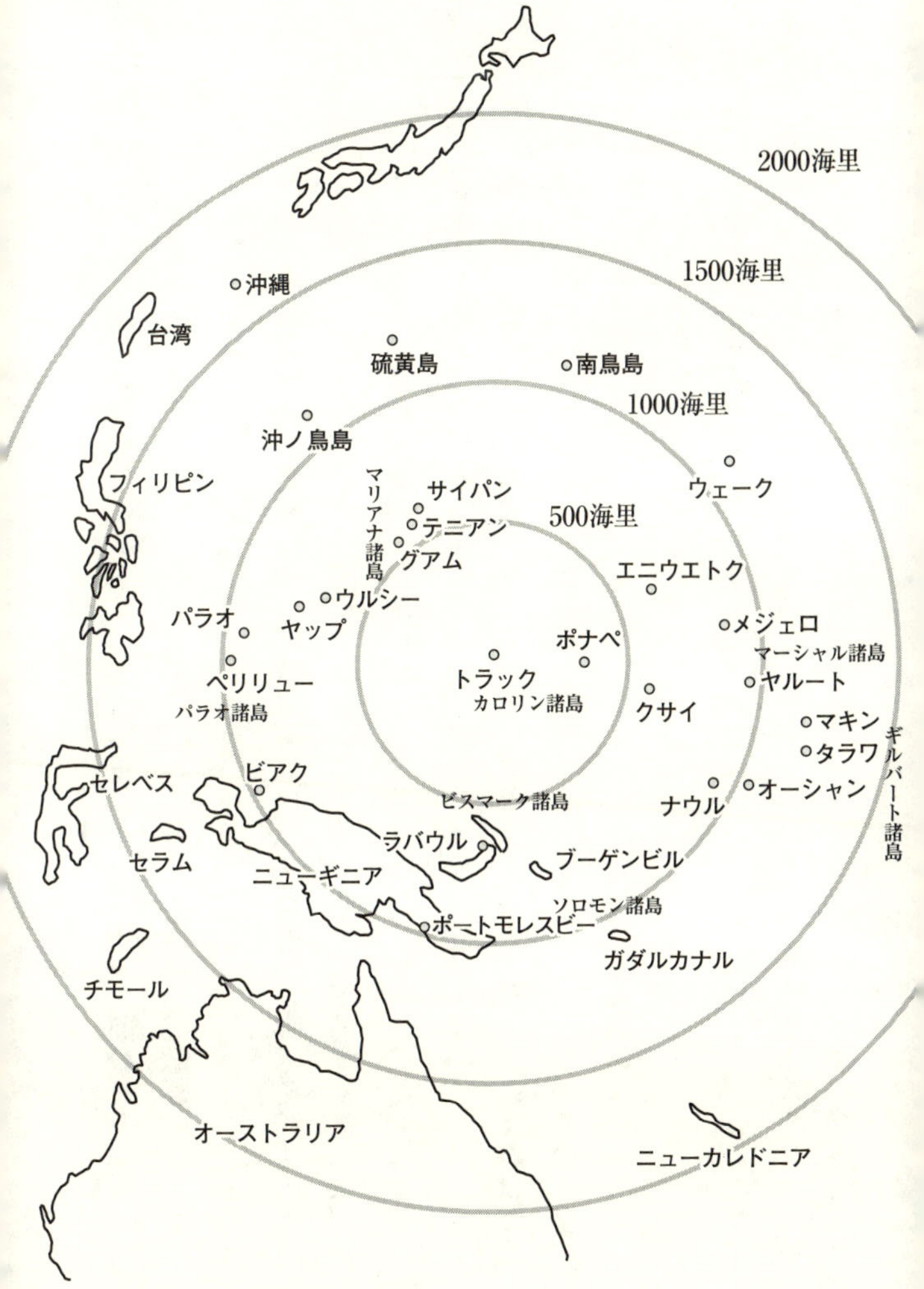
2000海里
1500海里
1000海里
500海里
沖縄
台湾
硫黄島
南鳥島
沖ノ鳥島
フィリピン
マリアナ諸島
サイパン
テニアン
グアム
ウェーク
エニウエトク
ウルシー
ヤップ
パラオ
ペリリュー
パラオ諸島
ポナペ
トラック
カロリン諸島
メジェロ
マーシャル諸島
ヤルート
クサイ
マキン
タラワ
ギルバート諸島
セレベス
ビアク
ビスマーク諸島
ナウル
オーシャン
ラバウル
ブーゲンビル
セラム
ニューギニア
ソロモン諸島
ポートモレスビー
ガダルカナル
チモール
オーストラリア
ニューカレドニア

する。南はと見ると近くに目立った島嶼がなく、七百海里（千三百キロ）離れたラバウルとなる。これらの島嶼に航空基地を設け、哨戒機を飛ばして奇襲を警戒し、敵艦隊主力を発見すればトラック島から連合艦隊が出動するという算段だ。

次に気になりだしたのが、前哨の島々だった。警戒幕を構成する前哨の島嶼そのものからも、警戒幕を張り出させるとなる。さすがにウェーク島やギルバート諸島より東には出なかった。ハワイまで適当な島嶼がなかったからだろう。ところがラバウルの場合、東西へ、南へと警戒幕を張り出せるし、そうしないと不安で仕方がない位置にあった。ラバウルから南東にソロモン諸島が連なり、南西にはニューギニア、そこを越えればオーストラリアだ。前に述べたFS作戦とのからみもあったし、まずはラバウルの安全を図るためにと、ソロモン諸島を南下しだし、また連合軍の有力な航空基地のあるニューギニアのポートモレスビーを攻略しようと動きだす。

本来ならばトラック島を守るためのラバウルだったはずが、いつのまにかラバウルそのものを守ることが至上命題となってくる。ラバウルの北、ニューアイルランド島のカビエン、ニューブリテン島のツルブとスルミの航空基地をがっちりと守ればよいはずだった。

ところが座して敵を待つ姿勢は消極的とされ、冷たい目で見られる。進んで前に出ようとする姿勢は、「積極的で大変よろしい」と評価される思潮が日本にあるから、話がおかしな方向へ曲がってしまう。

また、本土から直線で二千五百海里以上も離れているこの正面では、戦力の優勢を維持できないことは承知している。寡兵をもって衆敵に当たるには、攻撃しかないとするのも戦いの原則だ。だから敵を求めて前に出る。そもそも「どこからでもこい、ドーンとこい」といった「位《くらい》押し」する横綱相撲を好まない体質も影響していただろう。

では、ご本尊のトラック島では、どんな日々を過ごしていたのか。皆がはるか前で守ってくれるから安心と、トラック島は一大歓楽地と化してしまった。海軍ご用達の有名な料亭は、なんと海軍の輸送力を使い、競ってトラック島に支店を出し、紅灯の巷《ちまた》が形成された。そこを守るため死闘しているガダルカナル島では餓死者続出というのだから、陸軍が感情的になるのも無理からぬことだった。

トラック島の海軍はそんな体たらくだったから、昭和十九（一九四四）年二月、米機動部隊に奇襲されると手も足も出ない。わずか二日の空襲でトラック島の機能は喪失した。

トラック島を守る輪を形成するために、戦線を際限もなく拡大し、多くの損害を出しながら、それらがすべて無駄に終わってしまった。

◆競い合って前に出る習性

昭和十七（一九四二）年十二月末、ガダルカナル島からの撤退が決定した。ここで問題は、ラバウルを防衛する線をどこに引くかだった。前にも述べたように、ラバウルの意味は、トラック島を守ることにある。ならばラバウルのあるニューブリテン島を第一線として、がっちり、かつ、こぢんまりと防備を固めるのが上策のはずだった。しかし、ここでも前に出たがる。積極的のように見えるが、実は臆病《おくびよう》だから前に出ようとする。

陸軍はソロモン諸島の北部、ブーゲンビル島に着目した。ラバウルから同島の南端にあるブインまで五百キロ。これならばラバウルからのエア・カバー（上空掩護）も容易であるし、ブインと北端のブカ島と二カ所に航空基地が整備されている。この二つの基地から哨戒機を飛ばせば、警戒幕も構成できる。有力な戦闘機部隊を配備できれば、迎撃がラバウルからとの二段構えとなって心強い。

このような判断の下、陸軍は華中から引き抜いて、ガダルカナル島に投入を予定していた第六師団をトラック島から直接、ブーゲンビル島に入れた。第六師団が上陸を始めたのは昭和十八年一月末、すぐにガダルカナル島からの撤退部隊を収容しつつ、ブーゲンビル島の防備を固めだした。ソロモン諸島北部をこぢんまりと守るといっても、ブーゲンビル島はガダルカナル島よりも広く、かつ航空基地のあるショートランド島まで手を広げなければならない。

ソロモン諸島の北部にラバウル防衛線を設定するのは、後の経過からしても上策だった。ところが海軍は、これに同意しない。海軍は、航空基地がほぼ完成していたムンダのあるニュージョージア島を中心としたソロモン諸島中部に防衛線を設定することとした。敵との間合いもさることながら、ラバウルとの距離があった方が効果的な航空作戦ができるという論理だった。ムンダにようやく航空基地を造成した。対岸のコロンバンガラ島には陸軍が飛行場を造成している。これを捨てるのは、いかにももったいないとの経済観念が働いたとも思える。

この根底には、陸軍と海軍の作戦思想の違いがある。海軍というものの本質を考えれば、陸軍の砲兵によく似ていて、攻撃専一の単一兵科ともいえる。とにかく攻撃であり、一定の区域を確保してどうにかするという考え方は薄い。だから速戦即決を求めて前に出たがる。陸軍の頭の中の半分は防御が占めている。補給を考え、守りやすい地形を求めるから、海軍のように勢い込んで前に出られない。

ガダルカナル島戦後、大本営でいくら協議を重ねても、陸海軍の作戦構想が一本にまとまらない。結局は玉虫色の中央協定が結ばれ、陸軍はソロモン諸島の北部を、海軍は中部を担当することとなった。素朴な疑問を呈すれば、これは逆ではないか。陸軍がしっかりと前を守り、航空部隊の主力を擁する海軍は、その背後に構えていて縦横無尽に動く、これが常識だと思う。

案の定というべきか、すぐさま海軍は悲鳴を上げた。自前の地上戦力では、航空基地を守れないという。それではガダルカナル島の二の舞いになる、「北部まで下がれ」と陸軍は言うべきだが、そうはいえない。目の前の航空基地を敵に渡すのも耐えられないし、撤収するのも大仕事で、そのための船腹も足りなくなっている。

感情の問題としては、「陸軍は臆病だ、前に出たがらない」と陰口を叩かれることが耐え難いのだ。相手にまくしたてられ、その勢いに呑まれて同意したとなると、負けたことになり、これは武人として納得できない。このあたりは、相手を理屈で言い負かす、今日でいうディベートを奨励した陸軍大学校や海軍大学校の教育の弊害だろう。

そこで陸軍は、意に染まないながらも前に出ることにした。昭和十八年五月初めに南東支隊を編成し、歩兵連隊二個を中部ソロモンにつぎ込んだ。水上機基地のあったイサベル島のレガタにも歩兵大隊一個を回したから、海軍の言いなりになったといってよい。南東支隊は陸軍の第十七軍司令官の隷下にあり、海軍の第八艦隊司令長官の指揮下にある。そして陸軍と海軍の関係は、協同で律せられる。なかなか複雑な関係で、頭に血が上る戦場でうまく機能するはずがない。

このように、陸軍と海軍の作戦構想の違いを克服できないまま、まずは一方が前に出る。そして現地部隊が悲鳴を上げると、他方も黙って見ているわけにもいかずに前に出る。するとそこが不撤退の線に変質する。そうすると警戒幕を張り出すこととなり、さらに前に出る。その結果、戦線は広がって重点が形成できず、どこも守っているように見えても、どこも戦力は不足している。結局は攻撃する場所を自由に選べる攻者によって、各個に撃破される運命しかないことになる。それが太平洋の戦いの実態であった。

◆「前地《ぜんち》」を求める意識

攻撃専一の海軍は、すぐに前に出たがるが、実は防御が頭の半分にある陸軍も前方に神経質になる。防御に必要な前面の土地、すなわち「前地」にこだわり、これはもう法則といってよいほどだった。

地図を見たり、偵察して防御線を設定する。実際にその線に出てみると、地図とはまた違った受け止め方になる。「あの高地が目障りだ」「あそこの川の方が守りやすい」と感じだす。そこで前に出る。命じられた防御線を万全な態勢にするためにも、前に出る必要が生まれてくる。夜間に奇襲されたり、迫撃砲を撃ち込まれたりしたら、おちおち陣地の構築もできない。そこで前方に警戒幕を張り出す。すると、そこがまた不撤退の決意を固めた線となる。するとまた、というように際限がなくなることが「前地の法則」だ。

程度の問題にせよ、統制線を設けても戦術的に前に出ることは不可避となる。事実、朝鮮半島を分断しているＤＭＺ（非武装地帯）は、朝鮮戦争中に国連軍が統制線を前へ、前へと押し出したことによって安定した線になった。

しかし、これが国家戦略にまで及ぶと収拾がつかなくなる。また各国から領土的野心があるのでないかと猜疑《さいぎ》の目で見られる結果となる。戦前の日本の大陸進出は、それであったというほかはない。

日本が開国する前後、さかんに海防が論議されたが、そのポイントは対馬海峡と関門海峡の防衛にあった。ここを日本がコントロールできなくなれば、日本海は日本の内海ではなくなるし、出入口を失った瀬戸内海は天然の大運河としての機能を喪失する。

海峡をコントロールするためには、両岸を確保するか、少なくとも対岸の勢力が友好的でなければならない。明治維新となり、すぐさま朝鮮との国交問題に手を付けたのは当然のことだった。当時、朝鮮は鎖国しており、紆余《うよ》曲折の末に一八七六（明治九）年に日朝修好条規が締結された。これによって釜山《プサン》が開港され、そこに領事裁判権を持つ外交公館が置かれ、大陸進出の第一歩が印された。「前地の法則」の初動となる。

大陸への発進地となる関門海峡は北緯三十四度、釜山は三十五度だ。これからの日本の進出線は、なぜか北緯のきりのよい度数で表せるから記憶しやすい。

釜山に入って西北の黄海側を眺めると、朝鮮半島でもっとも豊かな湖南《ホナム》平野が目に入る。湖南平野の北端は錦江《クムガン》で、その河口部が北緯三十六度だ。さらに忠清《チュンチョン》道の穀倉地帯が続き、牙山湾《アサンマン》と安城《アンソン》川の線、北緯三十七度に至る。コメ不足に悩む日本としては、この線まで出たい。明治二十七（一八九四）年七月、ここで日本軍と清国軍とが衝突して日清戦争となったことは象徴的だった。

日清戦争の勝利の後、日本の相手はロシアとなり、首都・漢城（現在のソウルにあたる）を巡ってせめぎ合う。当時の漢城市街は漢江《ハンガン》の北岸にあり、北面してこれを防衛するには、臨津江《イムジンガン》まで北上する必要がある。今日なお南北分断の代名詞となっている北緯三十八度だ。さまざまな日露交渉の中で、ロシアは北緯三十九度に中立地帯を設ける提案をしたともいわれる。平壌《ピョンヤン》の線となる。

結局、日本は朝鮮半島の保全を戦争目的に掲げ、明治三十七（一九〇四）年二月、日露戦争に踏み切る。この勝利によって日本は、朝鮮半島における独占的な権利を得て、明治四十三（一九一〇）年八月に日韓併合となった。これで日本の生命線は、鴨緑江《アムノッカン》から豆満《トマン》江《ガン》の線、約千百キロの正面となった。鴨緑江の河口部は北緯四十度、豆満江の最北は四十三度だ。

さて、この線を安泰にするにはどうしたらよいか。日露戦争によって得た関東州と南満州鉄道の線まで出ればよい。満州（中国東北部）まで出て、防衛に必要な縦深《じゅうしん》（奥行き）を得るということだ。それを実行したのが昭和六（一九三一）年九月からの満州事変だった。関東軍は奉天（現在の瀋陽）で火をつけたが、ここは北緯四十二度だ。関東軍は迅速に満州全土を制圧したものの、そのほぼ中央部をソ連の権益である北満線が横断しており、それを買収した昭和十年一月で満州事変が完結したといえよう。ちなみに北満線の中央部にあるハルビンは北緯四十六度だ。

これで日本の生命線は、西は大興安嶺の稜線、東は黒龍江の流線、総延長七千五百キロを超えることとなった。北端はアッツ島と同じ北緯五十三度。これが国家戦略上での「前地の法則」が行き着いた先だった。

そして、その結末はどうだったのか。それが意外な終わり方をした。明治維新の熱気の中、騒がしく始まったことが沈黙の世界で決せられた。また話が始まった所、絶対に守らなければならないそこで決着がついたとは、歴史の皮肉というほかはない。

昭和二十年三月末、マリアナ基地を発進したB29爆撃機による沈底型の感応機雷の空中敷設が始まった。最初に目標となった関門海峡は、すぐさま封鎖された。対馬海峡は渡れても入れる港がなく、瀬戸内海にも抜けられない。内航航路も出入口を失い、船腹のやりくりがつかず、たちまち麻痺状態に陥った。機雷の空中敷設の範囲が日本海沿岸の各港に広がると、大陸との海上連絡がまったく断たれた。

さらには同年五月末、米潜水艦九隻が対馬海峡の機雷堰《せき》を突破して日本海に入った。これで日本海は日本の内海ではなくなった。このようにして対馬海峡のコントロールを奪われて大陸とのリンクを断たれた日本は、継戦意思そのものを失って、ポツダム宣言を受諾せざるを得なくなった。

◆説得のしようがない感情論

戦果を拡張するために、敵を徹底的に追撃したり、現地に入ってより有利な線を見つけた結果、定められていた統制線から踏み出すケースは、あらゆるレベルであり得ることだ。また、それは積極性の表れとして推奨されるのも当然だろう。しかし、全般状況や左右の連携を重視して、せっかく取った土地を明け渡すことも大事なこととして強調されている。このような常識として定着している事柄だけで割り切れないのが、感情の動物である人間だ。作戦目的を達成したならば、それで十分なはずなのに、下がったとなると評価ががた落ちになってしまう。その好例が昭和十六（一九四一）年九月の第一次長沙《ちょうさ》作戦だった。

支那派遣軍の主力野戦軍だった第十一軍は、洞庭湖に注ぐ湘江《しょうこう》沿いの長沙に向けて攻勢を発起した。ピストンのように、前進と反転を繰り返し、敵の戦力を漸減させる作戦だ。進攻した地域を確保する戦力どころか、補給線すら維持できないのだから、行ったり来たりのピストン作戦のほかはない。

九月十八日、作戦が発起され、各部隊は屈原が入水自殺したことで有名な汨水《べきすい》を越えて南下した。早くも二十七日に長沙を占領し、先鋒が株州《しゅしゅう》に入ってすぐに全軍は反転し、十一月初頭までに作戦発起の線に戻った。この間、中国軍三十個師に大打撃を加えたと推定され、作戦は大成功と評価されるはずだが、そうはいかなかった。

長沙への進攻作戦は、そこを確保し得ないという理由から、大本営陸軍部も、支那派遣軍総司令部も難色を示していたという。ところが昭和十六年四月に第十一軍司令官に着任した阿南惟幾の強い要望があったため、渋々認められたといういわくがあった。積極さを発揮して敵中に分け入り、敵野戦軍主力に痛撃を与えたのだから、高く評価すべきというのは理屈の世界で、感情の問題になると素直に拍手できない。

あれほどやりたいと無理をいって行なった作戦なのに、長沙に入ってわずか五日で反転するとは話にならないというわけだ。ピストン作戦であることは、初めから承知しているのだから、では何日確保していればよかったのか。これには誰も答えられないが、とにかく五日が気に入らない。千人もの戦死者を出しておきながら、逃げるように下がってくるとは、帝国陸軍にあるまじきことと陰口を叩かれる始末となった。これには武人阿南は激高し、また無理して第二次長沙作戦を強行して、大きな損害を被ることになる。

このように下がることを頭から否定する考え方は、陸海軍共通だった。海軍は最初から、「我々には後退思想はない」と大上段に振りかざしていたから、この病気は海軍の方が重症だった。ただ陸軍の場合、形に見えるものを根拠にして後退を否定したから、そのかたくなな姿勢は広く語られることとなった。形に見えるもの、それは忠霊碑と軍旗だ。

戦陣に斃《たお》れた戦友、部下を悼む気持ちは崇高なもので、人間として忘れてはならないことだ。忠霊の碑や塔を建立することは、東洋人として自然なことであるし、美徳の一つに数えられる。また、将兵の血で贖《あがな》った土地は一坪たりとも渡せないという心情も十二分に理解できる。このような誰もが理解できる感情と、国益を冷徹に追求する手段としての戦争をどう調和させるか、妙案がないのが現実であると思う。

満州事変の建前は、五族協和による王道楽土の建設ということだろう。本音の部分で語れば、日露戦争で十二万人の死によって得た関東州と南満州鉄道の権益を失ってはならないという感情の産物だった。中国の国権回復運動の高まりの中で、旅順の二百三高地に立つ忠霊塔を死守しなければ、英霊に申し訳が立たないということだ。なにかを守るとなれば、そこには前述した「前地の法則」が働き、守るべき地域は際限なく広がっていく。

昭和十五年十一月の御前会議で決定した『支那事変処理要綱』で、中国に対する長期持久を決めた。またその中の状況判断で、中国は自分に有利に国際情勢が推移していると認識していると指摘している。となると、国際情勢に劇的な変化がない限り、中国は屈服しないという見通しになる。

武力解決が望めないとなれば、論理的には全面撤退しかないとなるはずだ。実際、かなり以前から上海や天津などを残して下がらなければと密かに語られてはいた。事態を収拾するにはそれしかなかったろうが、陸軍の総意としてはそれを受け入れられない。事変が始まってから十万人もの戦死者を出してしまった以上、口が裂けても撤兵とはいえない。そういっただけで陸軍の士気は地に墜ち、もはや軍隊とはいえないものになるのではないかと深刻に危惧《きぐ》した。

紛争解決の方策がないのに戦闘を続けること自体、おかしな話だ。戦闘を続ければ、新たな英霊を生む。その英霊のために、下がれないとなれば講和とはならないで、いつまでも戦争を続けるという奇妙なことになる。しかし、このような感情論は、論理では説得できないから厄介極まりない。

◆軍旗に退却なし

シンボルとなれば、忠霊塔以上の存在が軍旗だった。これは歩兵連隊と騎兵連隊に天皇が親授したもので、連隊旗とも呼ばれる。旭日をデザインした点では海軍の軍艦旗も同じだが、軍艦旗は親授されたものでないから単なる備品の扱いとなる。砲兵は装備する火砲そのものが軍旗の代わりとなる。技術色が濃い工兵や輜重兵には、軍旗の代わりになるようなものはなかった。

軍旗は大元帥でありかつ神格化された天皇の分身という位置付けだから、連隊は全滅を賭してでも守り通さなければならないものとされた。砲兵は装備している火砲と共に死ぬのを本領としていた。崖に落ちた火砲を回収できないため、小隊長がその現場で自決するといった凄まじい場面も珍しくなかった。

神たる天皇陛下は、退却などしない。だから、その分身たる軍旗も下がらない。退くぐらいなら、軍旗を奉焼して自決するということになる。では、団結の象徴として常に部隊の中心で軍旗が翻っていたかといえば、実はそうでもなかった。軍旗警護のため兵力を割かなければならないし、万一のことがあれば、連隊長ばかりか師団長や軍司令官にまで累が及ぶ。そこで軍旗を後方に置き、身軽になって作戦した場合も多かった。このあたりの使い分けは、いかにも日本人らしい。

軍旗を預けられた方は大変だ。それが師団司令部など上級部隊ならば、なんとかなるだろう。ところが軍旗はあるが、その連隊の将兵はほとんど出払っている。そこの責任者は、軍旗と同じ扱いの火砲を持つ砲兵の者、しかも大隊長ともなれば話は込み入ってくる。昭和十九（一九四四）年九月に玉砕した拉孟《らもう》守備隊が置かれた状況がこれだった。

拉孟はビルマを越えて、すでに中国の雲南省だ。ここはインドから中国へ援助物資を送り込む援蔣ルート上にあり、怒江《どこう》に架《か》かる恵通橋を見下ろす要衝だ。ビルマを北上した第五十六師団の歩兵第百十三連隊が、この一帯に入ったのは昭和十七年六月のことだった。当初の配置は、前方の拉孟に連隊本部とその第二大隊、野砲兵第五十六連隊の第三大隊、少し下がった鎮安街に歩兵の第一大隊、さらに下がり、この一帯の中心地である龍陵《りゅうりょう》に歩兵の第三大隊となっていた。

歩兵第百十三連隊の軍旗は、もちろん先頭の拉孟にある。軍旗が位置して、砲兵大隊も配置した大事なところに、歩兵大隊一個とは解せない。ここにも前に述べた中国軍に対する公式「一個大隊はよく一個師に対抗し得る」を適用したのだろう。また後方には二個大隊を梯《はしご》状に配置しているので、いざとなっても増援は容易と考えていたに違いない。

昭和十九年五月に入り、この雲南正面で連合軍の反攻が本格化すると、歩兵第百十三連隊は師団の予備隊となって転戦することとなった。そのため拉孟にあった第二大隊からも兵力が抽出され、歩兵中隊二個相当と砲兵一個大隊、そして軍旗が残された。火砲は百ミリ榴弾砲八門、七十五ミリ山砲四門だった。軍旗を預けられ、残留部隊の指揮を執ったのは、砲兵大隊長の金光恵次郎だった。

怒江を渡河した中国軍は、まず拉孟の背後に回り込み、龍陵との連絡路を脅かし、続いて龍陵を包囲した。この前後に、もし拉孟守備隊が撤収となったとしたら、これまた大変なことになっただろう。集成の歩兵部隊が軍旗を囲み火の玉となって敵中を突破することはできたとしても、一・五トンもの榴弾砲八門を馬で引っ張っての突破はまず無理だ。結局、砲兵は「砲側墓場の具現」を図るしかなかった。

中国軍は常時、一個から二個師をもって拉孟を攻め立てた。この中国軍は往時のものではなく、米式装備で身を固め、百六十門もの火砲を擁し、航空支援も受けられる近代的な部隊だった。これに対する日本軍は、編制も崩れた千三百人、しかもそのうち三百人は傷病兵だ。

これではひともみかと思われたが、孤立無援の中、拉孟守備隊は百二十日間も粘った末に、軍旗を奉焼して玉砕した。拉孟の西北、騰越《とうえつ》では歩兵第百四十八連隊長が指揮する一個大隊が、これまた軍旗の下で玉砕した。機動の余地がある大陸での戦いで、玉砕とはなんとも悲惨な結末だった。

◆戦線拡大が行き着いた先

軍旗が絶対的な存在で、団結の象徴であったことは重く受け止めたい。それにしては、戦闘が始まる前から、軍旗を掲げている部隊を見捨てるとは、一体どうしたことか。そもそも苦戦している友軍を見捨てることは、あってはならないことだ。実際、そんなことが巨大な舞台で演じられた。

ガダルカナル島撤収後もトラック島の前衛、ラバウルを守る構想を堅持して、主に海軍はソロモン諸島中部を防衛線とし、陸軍は主力をニューギニアに向けることとなった。昭和十八年三月初め、第五十一師団の主力と第十八軍司令部をラバウルからニューギニアのラエに輸送中の船団が、ダンピール海峡で空襲されて全滅するなど、当初から苦戦することとなった。そんななか、同年六月三十日、連合軍はソロモン諸島中部のレンドバ島と東部ニューギニアのナッソー湾に上陸して来た。

　これでレンドバ島の対岸、ニュージョージア島のムンダ、東部ニューギニアのサラモアと二つの航空拠点が危機に瀕《ひん》した。それよりも日本軍にとっての衝撃は、連合軍が二つの軸で同時に攻勢に出たことだった。ソロモン諸島とニューギニアの二本の経路で、一挙にビスマーク諸島の防衛線を抜かれかねない。そこで以前から検討されていた、戦線を縮小して守りを固める構想を形にしなければならなくなった。

　それまでの防衛線は、資源地帯のスマトラ、ジャワからニューギニア、ソロモン諸島、さらに一挙にギルバート諸島、北上してマーシャル諸島、ウェーク島に至るもので、その延長は一万キロを超えていた。連合軍の本格的な反攻が始まった今、これはいかにも広すぎる。資源地帯を抱えつつ、防衛線を短縮するにはどうしたらよいか。

　結論は、東部正面で切り詰めるしかないとなった。バンダ海からニューギニア西部を通り、トラック島を囲むようにして北上、マリアナ諸島から小笠原諸島に連なる線とした。これで概略、南東正面の防衛線は以前の半分ほどになる計算だった。この構想が昭和十八年九月三十日の御前会議で決定された「絶対国防圏」だ。この圏内で内線作戦（敵に囲まれる態勢の作戦）の利を十二分に活かし、五万五千機の航空機をもって連合軍の反攻を阻止し、機を逸せず積極的な作戦を展開して反撃するという雄渾《ゆうこん》な構想だった。

この構想を簡単にいえば、第十八軍が死闘を続ける東部ニューギニアと第十七軍が海軍と協同して防備を固めつつあるソロモン諸島を捨てるということだ。それでラバウルを守れるか。守れないからビスマーク諸島も捨てるということになる。

では、この捨てる地域に展開している部隊をどうするのか。陸海軍合わせて三十万人にも達する兵員と集積した資材を撤収することは、動かせる船腹量からして不可能だった。また戦線に急に穴があくのも困る。そこで昭和十八年九月、この正面を担当する第八方面軍に、華中から引き抜いた第十七師団を送り込む。これが餞別《せんべつ》代わりだ。

そうしたうえで大本営は、同年九月三十日の『大陸命』第八百五十五号で、第八方面軍に対して「来攻する敵を撃破して極力持久を策し以て爾後の作戦を容易ならしむべし」との命令を伝宣した。ようするにラバウルを枕に死んでくれということだ。これを受けて第八方面軍司令官の今村均《ひとし》は、「各兵団各部隊の後退は絶対之を認めず」との異例の命令を下した。こうなると作戦、戦術といった冷静な話ではなくなる。海軍についていえば、トラック島を守るためにはラバウルが不可欠と言い続けたのに、そこに敵が迫るとあっさり捨て、艦隊をパラオ諸島に移動させればよいとは、原理原則、方針というものがない。

さらに大きな問題は、この南東正面にある部隊を見捨てることだ。師団単位で展開していたのだから、軍旗が林立している。あれほど大事にしてきたものを、戦闘になる前からあっさり捨てるとは、どういう神経なのか。いかなる状況でも友軍を見捨てない、それが統率の大原則で、士気の源泉だ。「捨て石になってくれ」「喜んで捨て石になります」と浪花節だけで済む問題ではない。

それでも絶対国防圏構想に忠実に、不敗の線をこぢんまりと守るというのならば救いはある。しかし、またもや「前地」を求めて戦線が拡大する。ここを取られると絶対国防圏そのものを確保できないと不安がる。その不安は、昭和十八年九月三十日に示達された「中南部太平洋方面作戦陸海軍中央協定」によく表われている。これに従って陸軍は、歩兵大隊四十個相当の兵力を各地から集めて絶対国防圏の防備を固めようとした。

この陸上戦力を、トラック島を中心とするカロリン諸島、サイパン島を中心とするマリアナ諸島に展開させるならば理解できる。ところが前方の島嶼をも守ろうと、絶対国防圏の外、マーシャル諸島にその多くをつぎ込んだ。しかも重点形成の原則を無視して、戦術単位の大隊をばらまいたのだから理解に苦しむ。

これら孤島の守備隊の多くは、圧倒的な敵に攻められて玉砕し、もしくは迂回《うかい》されて孤立、飢餓に苦しんだ。そして決定的なところには、ほとんど配兵がなかった。マリアナ諸島とパラオ諸島の中間にあるウルシー環礁とモルッカ諸島の北端のモロタイ島は、昭和十九(一九四四)年九月にほぼ無抵抗で奪取された。そして米軍は、ウルシー環礁を艦隊泊地とし、モロタイ島には航空基地を造成してフィリピン攻略の拠点とした。

すべてを守ろうとする者は、なにも守っていないと同じだ。敵は自由意思を持ち、こちらと同じようには考えていない。そんな戦いの原則を再認識させられる出来事だった。

◆不安が残る西方シフト

戦後日本の国是は、「専守防衛」だから、際限のない戦線の拡大はあり得ない理屈になる。そうだとしても、北は宗谷岬から南は与那国島まで、大陸に向かって正面三千キロある。昭和十八(一九四三)年九月に設定された絶対国防圏ほどではないにしろ、その三千

図版8　絶対国防圏と昭和19年6月頃の配備

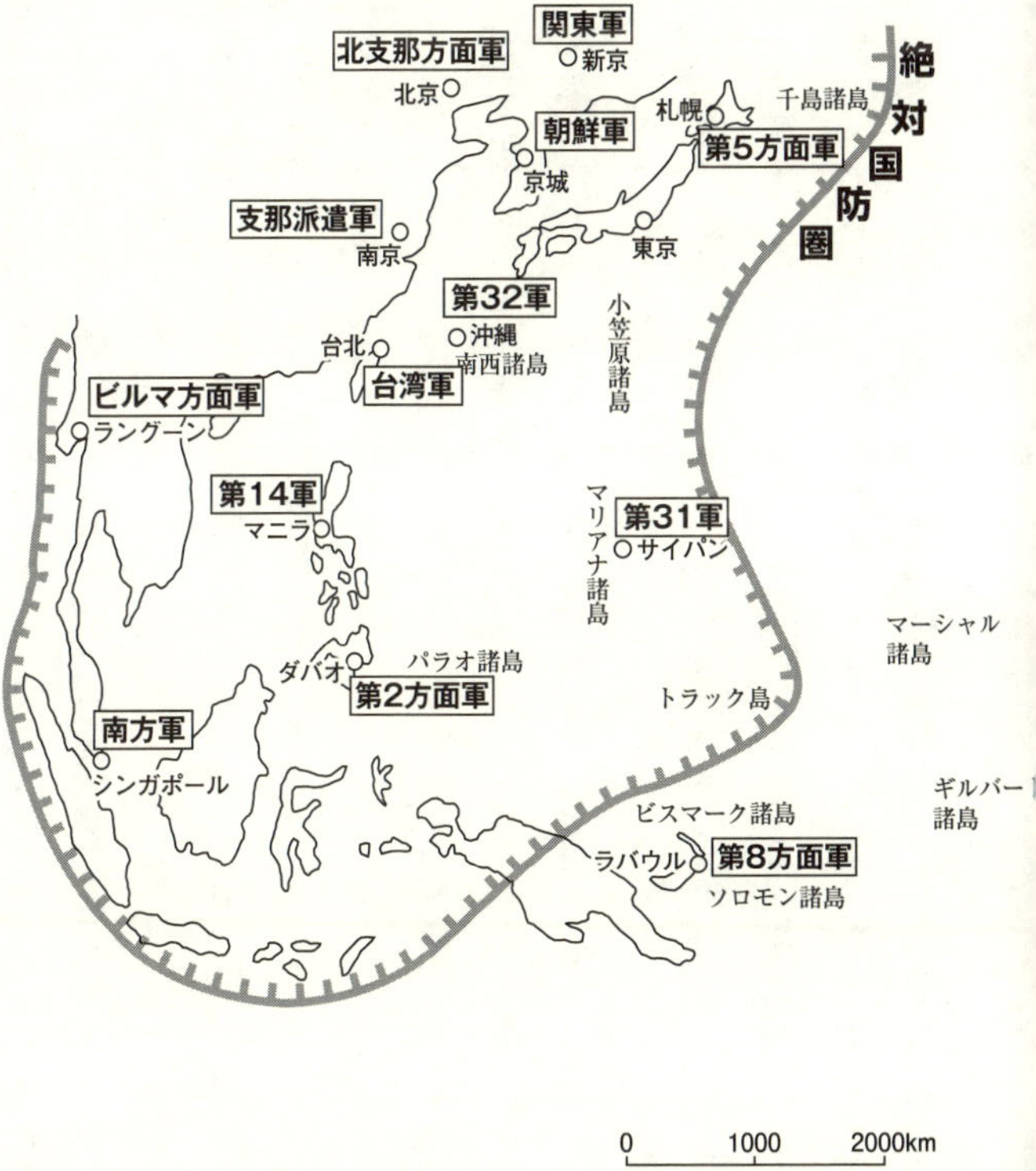

キロの半分以上が国民の生活する陸地となっている。しかも、その陸地の縦深は最大でも三百キロほどしかない。脆《もろ》くも崩れ去った絶対国防圏と同じように、守るにむずかしい地勢なのだ。

そんな戦略環境で、よくも「専守防衛」といえたと驚かされる。戦前の日本は、本土防衛のむずかしさゆえに国外に生命線を求めたのではなかったのか。その点を今も嚙《か》み締める必要があるように思う。

昭和二十五年の警察予備隊創設以来、昭和期の陸上自衛隊は、北海道の海峡部、宗谷海峡の道北、根室海峡の道東をこぢんまり守ることを目的としていた。侵略される蓋然《がいぜん》性が高いこともあったし、とにかく「甲羅に合わせて穴を掘る」との姿勢に徹してきたことは、評価すべきだろう。

ところが平成に入ると、日本を取り巻く国際環境が激変したという理由で、北方四島の領土問題が未解決のまま、北方シフトを解除した。その代わりが西方シフトで、先島《さきしま》諸島までを視野に入れている。近々、沖縄に駐屯している第一混成団が第十五旅団に改編、強化され、宮古島にも陸上自衛隊の部隊が配置されることになると見られている。

ここで必要なことは、守るべき防衛線が鹿児島から千二百キロ延びたのだという認識だろう。そのような認識があれば、必要な予算措置があり、定員増があり、装備の調達があるはずだ。ところが現実は逆になっている。防衛予算は、大気圏外から飛んでくる弾道ミサイルを撃ち落とすという夢のような事業に食われている。定員も漸減傾向、戦車や火砲といった重装備はどんどん切られている。それでいて耳触りの良い国際貢献も本来任務でやりますと、お荷物を抱え込んでいる。

裏付けがない戦線の拡大は、なにをもたらすか。それを学べる戦史があるのだから、今一度立ち止まって考えるべきではないだろうか。

第六章　情報で負けたという神話

◆誤解されやすい分野

最近、とみに情報、インテリジェンスという言葉が耳に入る。ところが、その定義がはっきりしないためか、誤解されている部分が多いように思えてならない。少なくとも軍事の世界でいう情報の意味は、次のようなものだ。

敵、時には同盟している相手の実情、出方を探るための判断材料を収集する。特に非公然の方法で収集することを「諜報《ちょうほう》」（エスピオナージュ、スパイの語源）と呼んでいる。集まった材料が「情報資料」（インフォメーション）だ。これを精査し、判断材料などに使えるように加工したものが「情報」すなわちインテリジェンスとなる。

これらの反対側、守りが「防諜」（カウンターインテリジェンス）で、直訳して「対情報」という場合もあるようだ。これら一切をひっくるめて「情報」と称している。世間一般で語られる情報と、かなりニュアンスの違いがある。

暗殺や拉致誘拐《ゆうかい》、転覆工作などは、「謀略」（プロット）と呼ばれ、情報活動とは一線を画されるものの、情報機関の任務の一つとされる場合もある。小説や映画で取り上げられる情報といえば、ドラマ化しやすいせいかこの謀略の場合が多い。そのためもあって、情報活動には暗いイメージがつきまとう。

最近、よく高度情報化社会といわれる。その実態は、コンピュータや光ファイバーなどを活用した大量・高速通信が中心で、軍事でいうところのインテリジェンスの進歩と混同されがちだ。それだから、通信技術が発達すれば、自ずと情報能力も向上するという誤解が生まれるのだろう。

もう一つの誤解は、日本人は情報音痴だということだ。それがために敗戦の憂き目を見たというのが定説になっている。昭和十八（一九四三）年四月、暗号を解読されたため乗機が撃墜されて連合艦隊司令長官の山本五十六が戦死したことが鮮烈な記憶となって今に伝わっているからだと思う。

そこから将来への施策にまで話が及ぶ。あれほどの痛手を被っても反省がなく、今もって情報のセンスに欠けている。ここで一つ、欧米のようなしっかりとした情報機関を創設するべきだと話が進む。結構な提案だとは思うが、話の発端の「日本人は情報音痴」が思い違いならば、まったく説得力のないことになる。

よく、日本人は小さくまとまり、よそ者に冷たいといわれる。それは、よそ者かどうかを見極める情報を持っていることを意味する。相手の苗字、言葉遣い、食べ物の好みほどのことだけで、ずばりと出身地を当てる人もいる。この狭い日本で、そこまでの嗅覚《きゅうかく》を働かせるとは、情報センスが優れていると評するほかはない。

日本人の鋭い情報センスは、その旺盛な知識欲からも推し量れる。鎖国が解かれるかどうかという時期に、命懸けで密航を企て、外国の最新知識を吸収しようとした人も多い。最近になるとブランドの氾濫だ。どれが最新のブランドで、どれが流行遅れかの情報がなければ、あれほど狂奔するはずがない。また、他人が自分をどう見ているか気にするのも日本人だ。これも情報に敏感であることの表れといえよう。

貪欲《どんよく》なまでの知識欲に触発されて情報に飢えた人の代表が、戦前ならば陸海軍の軍人だった。幼年学校、士官学校、兵学校、陸海軍の大学校を通じて、もっとも多く教育時間を割かれたのは外国語だった。点数で差が出るのも語学だから、軍学校でも学業成績はおおむね外国語で決まる。

そして大学校で成績が上位十数名の者は、海外駐在のキップが与えられ、平時は二年間も自由な勉強をすることができた。戦前、そんな勉学の機会を与えられた者は、陸海軍の軍人以外にそうはいない。外国語を学び、海外で学ぶ機会があれば、よほどの変わり者のほかは、大いに情報センスを磨くだろう。

昭和十六年十二月、太平洋戦争勃発時における在米日本大使館の常勤要員は三十四名だった。うち陸海軍の武官、同補佐官は計六名、外交官で情報担当は、一等書記官一名、外交官補一名だった。陸海軍の六名は全員情報担当といってよい。情報活動を本気でやっていたかどうかは別として、この分野では、本職の外交官よりも軍人が主役を演じていたことになる。

◆卓越していた対中ヒューミント

充実した語学教育や海外駐在の制度によって、情報業務に必要な土地勘が磨かれた人材が多かったため、陸海軍の情報部門はかなりの成果を収めていた。よくいわれる情報音痴どころか、世界をリードした分野も多い。特に中国に関する情報の蓄積は、他国の追随を許さなかった。

近代以降の日本と中国との密接な関係は意外と新しく、一八九九〜一九〇〇（明治三十二〜三十三）年の義和団事件（北清事変）から始まる。翌年四月に締結された北京条約によって清国駐屯軍（明治四十五年一月から、中華民国の成立にともない支那駐屯軍と改称）として天津、北京の一帯に日本軍も駐屯することとなった。海軍は大正六（一九一七）年八月から、上海、漢口を中心とする揚子江に遣支艦隊（昭和七年二月、第三艦隊と改称）を置いていた。かなりの数の軍人がこれらの部隊に勤務して、中国に関する情報センスを磨いた。

いつから始まったことか追えなかったが、各地に割拠した軍閥や中国政府の要請で、陸軍の陸地測量部が中国本土の地図を作成した。地図は軍事情報の基礎の基礎だから、日本が中国の秘密を握ったといっても過言ではない。これを管理していたのが参謀本部の支那課（第五課に始まり変遷を重ねる）の兵要地誌班だった。

日華事変の当初は、日本が地図を作製した地域での戦闘となった。それが勝因の一つでもある。ところが奥地に入ると、中国が地図を作製した地域となる。その地図が不正確で、「暗闇の中で動いている感じ」になって困ったという。戦争が長引いた理由もこのあたりにある。

日中間の人的な交流も盛んだった。国民政府軍のトップに立って支那派遣軍の降伏を受け入れた何応欽《かおうきん》は、大正三年から日本の陸軍士官学校に学んだ。蔣介石は明治四十三年から一年間、新潟県高田の野砲兵第十九連隊で士官候補生として隊付勤務をしている。また中国各地にあった軍閥には、現役の軍人が軍事顧問として多く送り込まれ、中国通のいわゆる支那屋に育っていった。

軍閥の首領など各界の有力者との人間関係から情報を収集するというのが、支那屋の手法だった。この点は、相手国のトップクラスをターゲットとするイギリスのスタイルによく似ている。島国の人は大陸育ちの人のように、相手の国に土着するような情報活動は苦手とされる。トップを狙い撃ちする情報活動は、地に足が着いていないといった弱い部分はあるものの、最良のヒューミント（人的情報活動）であることは間違いないだろう。

第二次世界大戦が終結すると、中国は国共内戦に突入する。アメリカとしては、どうしてこれほど援助しても情勢が好転しないか不思議でならなかったはずだ。そこで旧日本軍OBの中国通に助言を求めた。しかし、西欧人にどう説明しても、中国独特の腐敗構造や易姓革命は理解されなかった。また、中国共産党とその紅軍を、「追えば逃げるような連中など天下を取れるはずがない」と軽く見ていたことは、日本軍の誤算となっていた。

十年近くも占領地域を抱えていた支那派遣軍が、情報収集のネットワークを残していれば、多少なりとも判断材料を提供できただろう。この軍閥はどちらに転ぶ、国民政府の要人に見えるが共産党に傾くはずと、まさにヒューミントの成果が発揮できる場面だ。ところが日本人の潔さか、敗戦となるとすべて畳んで引き揚げた。また支那屋も復員してバラバラになり、組織としての能力を発揮できず、歴史的な分岐点で長年にわたって蓄積した情報を生かせなかった。

◆真実をとらえていた対ソ情報

長年、陸軍は仮想敵としてロシア、ソ連を見つめてきたため、その情報の量と質は抜群で、世界も注目していた。各国はヨーロッパ正面から探っていたが、やはり秘密は裏口から漏れるもので、その点、日本は有利であったといえよう。その情報戦の第一線に立ったのがハルビン特務機関（大正七年七月、参謀本部の下に創設、昭和十五年八月、関東軍情報部に改組)だ。

ハルビン特務機関にまつわる神話のような話はよく語られている。しかし、その活動の主体は、公開文書を丹念に読み込み、資料として整理しておくこと、それと通信傍受だった。それらをハルビン特務機関第二班が『哈特諜《はとくちょう》』にまとめて関係部署に配布する。この地味な情報活動は、大きな成果を上げ、漏れ伝え聞いた各国の注目するところとなった。

参謀本部での対ソ情報は、長らく第四課(欧米課)の第二班が扱っていたが、昭和十一年に第五課(ロシア課)として独立した。第五課は、軍情報班、兵要地誌班、文書諜報班からなり、情報屋の主流がここに勤務する。ハルビン特務機関と連携した情報活動によって、対ソ情報の分野で日本の参謀本部は世界をリードしていた。

ロシアは日露戦争の敗北後も、世界一の陸軍国として注目されていたが、ロシア革命に引き続く内戦を見て、ソ連の軍事力に関する評価はごく低いものになっていた。正規の教育を受けた将校の多くは粛清されたり、亡命したりしたため、労働者階層によって指揮されているが、そんな軍隊など烏合《うごう》の衆だという認識が世界を支配していた。

一九一八(大正七)年八月からシベリアに出兵した日本軍も、当初はそのような認識だった。ところが赤軍はたちまちに成長し、手痛い目に遭うこともたびたびあり、認識を改めざるを得なかった。創設間もないハルビン特務機関も、ソ連はすぐに容易ならざる敵に成長すると警告を発していた。そして、すぐさまそれが証明された。

一九二九（昭和四）年七月、張学良の奉天政権はソ連の権益である東支鉄道（北満線）を一方的に回収した。これに強く反発したソ連は、厳寒期が始まる十一月中旬に満州に攻め込んだ。戦車を有する十一万人、航空機五十機という兵力もさることながら、ソ連軍将兵の頑健さと厳格な規律には度肝を抜かれた。満州西部の満州里《マンチユウリ》からハイラルに向かったソ連軍は、零下二十度の中を露営だけの四日間で二百キロを踏破してみせた。もちろん張学良軍など鎧袖一触《がいしゆういつしよく》だった。

一九三六年一月頃から赤軍大粛清が始まった。これでソ連軍の将校三万七千人が処刑もしくは投獄され、旅団長以上の高級指揮官七百六人中、職から追われて生死も明らかになっていない者三百三人とされる。これは一九六〇年代に入ってから明らかになった数字だが、概略を世界で最初につかんだのもハルビン特務機関だった。

ドイツを始めとする各国はこれを知り、ソ連軍は崩壊寸前だと判断した。しかし、日本陸軍としては、ソ連軍は依然として強大なものであるとの判断を変えなかった。ロシア屋としては相手があまりに弱くなってしまっては、自分の存在意義が揺るぎかねないから、無理して「ソ連は強い」といっているのだと揶揄《やゆ》する声も部内にあった。

しかし、そのような組織防衛の論理だけではなく、長年にわたって極東ソ連軍を見つめてきた眼力がものをいったのだ。そしてソ連の共産党独裁体制に潜むアジア的な体質を理解し、絶対的な権力の下、どんなに苛酷に扱われても耐え得るのがスラブ民族だとの認識が正しい情報を引き出した。

そもそもソ連軍の新しいドクトリン、攻勢・殲滅《せんめつ》、火力重視、全縦深同時制圧などを明確に示した一九三六年版の『赤軍野外教令』の現物を入手していたのは、日本陸軍だけだった。これを分析し、これは大変な敵だと覚悟していたわけだ。そして昭和十四（一九三九）年五月からのノモンハン事件で師団規模の手合わせをして、その認識を深化させた。各国はまさかと思っていたが、独ソ戦が始まって半年ぐらいで日本の見方が正しかったことが証明された。

◆破られた暗号

情報戦となれば、まず頭に浮かぶのは暗号だろう。太平洋戦争開戦に先立つ日米交渉では、日本の外務省の暗号がすべて解読されていたのだから、こちらの要求が通るはずがない。大正十（一九二一）年十一月からのワシントン会議の時もそうだった。またミッドウェー海戦の敗北、山本五十六の戦死、これもみな暗号が解読されていた結果で、かように日本は情報戦に負けたのだと話が運ばれる。それぞれは間違いでないにしろ、全体として見ると、少し単純化し過ぎているように思える。

日米交渉で外務省が主に使った最高度の暗号は、機械式暗号に分類されるものだった。原文をまず暗号書で暗号に組み、これを九七式印字機に打ち込むと、機械の内部で電子的に乱数処理されて、より複雑な暗号になる仕組みだ。解読は逆にやればよい。理論的には、機械式暗号は同じ機械を用いない限り、解読は不可能とされていた。

この暗号機の原型は、スウェーデンが開発してドイツに売り込み、これを改良して有名な「エニグマ」となる。お節介にもドイツは、日本にこれを採用するよう推奨したらしい。

ところが、日独両国の最高機密を守るこの暗号は両方とも破られた。解読された暗号文書は、ドイツのものには「ウルトラ」、日本のものには「マジック」というコードネームが与えられ、十二分に活用された。

なんとアメリカは、機械そのものを模造してしまったのだ。聞くところによると、その模造品は、九七式印字機とごく一部の配線が異なっており、しかも本体よりも数理的に正しくなっているというのだから驚かされる。コピーは六台製作され、イギリスにも引き渡されたという。

どうしてそんなことが可能なのか。アメリカは本体をそっくり入手していたのではないかと推測する識者もいる。しかし、よく考えてみれば簡単なことだ。オリジナルを製作したスウェーデンに当たればよい。さらに間にドイツがいるのだから、ドルやポンドを武器にすれば付け入る余地はある。日本は、国家の最高機密を扱うところにオリジナルを使わなかったから、今もって悔やむこととなってしまった。

また、外務省を始めとする日本の官庁の対外通信には、海軍の暗号書を使っていた。この表紙は赤紫色の革製で、アメリカはこれを「パープル（紫）暗号」と呼んでいた。ということは、アメリカはこの暗号書の実物を入手していたか、少なくとも現物を見ていることを意味する。なんとも日本の防諜体制は抜けていたというほかはない。

対米戦に備えて海軍が作成した最高度の暗号は、「D暗号」と呼ばれ、二冊制暗号書と乱数暗号を組み合わせた、当時としては画期的なものだった。まず四万五千の単語をアルファベット順にした辞書形式の暗号書を用意する。次に各単語に五桁《けた》の数字をアトランダムに付け、それを番号順に並べた暗号書を作成する。これで暗号書は二冊となる。また特定地点表示表、特定地点略語表、暦日換字表があり、これに乱数表と使用規定が加わって一セットとなる。

まず暗号書を基にして、通信文を五桁の数字に置き換える。これに乱数を加える（繰り上がりなしの足し算）。解読はその逆を行なう。太平洋戦争の開戦時に使われた乱数表は、五万桁のものだったとされる。この乱数表のどこから使用を開始するかは、使用規定にある符号で示す。この二冊制暗号書と乱数表を組み合わせたものは、非常に堅く、解読はほぼ不可能と信じられていた。

日本海軍がこのD暗号を使用し始めたのは、昭和十四（一九三九）年六月からだった。

傍受した米海軍は、これをＪＮ25と呼び、英軍とも協力して解読に乗り出した。昭和十五年十二月、日本海軍は暗号書と乱数表を更新し、米海軍はこれをＪＮ25ｂとした。そして太平洋戦争開戦に先立つ四日前に、日本側はさらに乱数表を更新し、解読作業はまた振り出しに戻った。

戦争が始まれば、暗号通信の量も増えて、解読のための材料が豊富になる。Ｄ暗号に狙いを定めた連合軍は、分業で解読作業を進めた。ハワイの戦闘情報班は暗号書を、コレヒドールの通信傍受班は使用規定を、シンガポールの英情報班は乱数表を攻めた。まず使用規定が破られ、乱数表のどこから使い始めるかを示す符号が判明しだした。また乱数表そのものも崩れだした。次いで暗号書も一九四二（昭和十七）年五月初旬までに、一割ほど解読できるようになったという。これだけ読めれば、普通の通信文の九割まで意味を知ることができるとされる。

こうして一九四二年六月五日のミッドウェー海戦を迎えた。その直前、日本海軍はＤ暗号の暗号書と乱数表を更新した。しかし、ミッドウェー海戦の作戦計画を通報した通信は、ＪＮ25ｂであったから米軍につかまれた。ＡＦがどこを示す特定地点略語かなかなかわからず、偽電を打ってミッドウェーであると解読した場面は、あまりにも有名だ。

高度な戦略暗号であるD暗号も解読されているようだと気づいた日本海軍は、呂暗号に切り替えだした。さらに昭和十八年四月初めから波暗号の使用を始めた。山本五十六の前線視察を通報したのは、この波暗号だったとされており、四月十三日に発信されている。米軍はこの新しい暗号を二十時間ほどで解読したという話が残っているが、まず信じられない。しかし、四月十八日に山本の乗機が待ち伏せされて撃墜されたことは動かせない事実だ。もっとほかの柔らかい暗号が解読された可能性が高いが、そのあたりは依然として謎《なぞ》となっている。

◆暗号に秀でた陸軍

日本の暗号が破られた話ばかりで、なんとも情けない限りだ。しかし、惨めなことばかりではなく、陸軍の暗号は堅いことで有名だった。少なくとも軍司令部以上で使われた高度な暗号は、連合軍でも歯が立たなかったという。この暗号は、基本的には海軍と同じく二冊制暗号書と乱数表の組み合わせだった。ただ、陸軍の乱数表は無限乱数だったところに違いがある。

何万桁でも限りのある乱数表は、繰り返し使う場合も生じてきて、そこが糸口となって破られる。陸軍の乱数表は無限で、使った部分はちぎって燃やしてしまう。理論的には無限乱数表の場合、現物を入手しない限り解けないとされる。ソ連軍はもっと徹底していて、無限乱数のうえ、乱数表一頁、一頁を赤い紙で包んでミシンで縫い付けていた。赤い紙を破かなければ中身がわからないし、赤い紙に包まれていないものは、ただちに焼却される。防諜態勢が完璧といってよいだろう。

日本陸軍が本格的な暗号に関心を持ったのは、明治三十四（一九〇一）年四月に清国駐屯軍が発足した時だった。東京との通信は、天津にあったイギリス経営の電信局を使うしかなかったため、暗号の必要性を痛感したのだ。そこで五十音などを四桁の数字に置き換えた換字暗号を使うようになったとされる。

次の契機は、大正七（一九一八）年八月からのシベリア出兵だった。大正九年十月、日本軍はハバロフスクから撤収する。その時、ハバロフスクに入ってきた赤軍の指揮官は、

「なぜ、あなた方は暗号を使うのか。あんな暗号ならば生文と同じだ、手間のかかること

をなぜやるのか」と怪訝《けげん》な顔をして質問したそうだ。

昨日までの敵に指摘され、これは大変と陸軍は暗号の分野に本腰を入れ始めた。学んだ先は、ポーランドだった。強大国に挟まれ、亡国の憂き目を見たポーランドは、安全保障の一環として暗号の分野に熱心だった。岡部直三郎、百《ひゃく》武晴吉《たけはるよし》、宮崎繁三郎といった後に有名になる人達がポーランドに赴いて暗号の技術導入に努めた。それが大きな成果を収め、陸軍の暗号が発達した。

このシベリア出兵中、参謀本部の第七課（通信課）に暗号班が設けられた。昭和六（一九三一）年に第五課（支那課）に移され、さらに昭和十四年三月、参謀総長直属の第十八班に改組され、十八年七月に中央特種情報部となり、終戦に至っている。この暗号の部署には、一般大学で語学や数学を学び、甲種幹部候補生で予備将校に任官した者を召集して勤務させていたので、非常に有能かつ柔軟だった。

より堅い暗号をとの努力は、敵の暗号を解読する腕をも磨く。陸軍は中国軍の暗号を完璧に解読し続けていたという。それが支那派遣軍百戦百勝の秘密で、一個大隊で一個師に対抗し得るとの自信の源泉でもあった。

周知のように中国語は、表意文字の漢字だけで構成されているから、古典的な換字暗号が主流となる。中国軍が使ったものは、明碼《めいば》暗号と呼ばれていた。「碼」は数字の意味で、漢字を無作為に配列した辞書、『明碼表記表』を作成し、使う文字は、それが載っている頁数と行数、段数の数字で示す。この種の暗号は、繰り返し、すなわち使用頻度がはっきりとするので解読は簡単とされている。それにしても、表記表が変更されてもすぐさま破ったというから、陸軍の暗号解読の手腕はたいしたものだった。

一九三〇年代には、陸軍と海軍が協力してアメリカの外交用暗号を解読していたという話が残っている。問題の四〇年代になると、アメリカは機械式暗号に切り替えていたようで、手も足も出ない状況だったらしい。米軍の暗号も同様だった。また賢いことに米軍は、暗号解読の材料を与えないように、暗号通信を極力抑え、生文通信を多くしていた。これも暗号解読を妨げた。

日本陸軍が第一の仮想敵としたソ連の暗号は、日本と同じく無限乱数で包まれた堅いものが主で解読は難航し、糸口を得た程度で終戦になったとされる。昭和十三（一九三八）年八月、日本軍は漢口を占領した。その後から太平洋戦争開戦まで参謀本部の暗号班や第十八班は、イギリスの外交用暗号Ｅ３Ａを解読していた。これは正攻法ではなく、漢口の英領事館から暗号書と乱数表を盗み出しての成果だった。

◆陸海軍で異なる情報観

暗号という情報の一つの分野を取り上げてみただけでも、日本の陸軍と海軍とでは、情報そのものの受け止め方が異なることがわかる。そのため情報関連の組織や機関が、陸軍と海軍とでは大きく違っていた。

陸軍は、連隊本部の情報主任に始まり、師団司令部や軍司令部の情報担当参謀、さらに関東軍や支那派遣軍など大きな組織では司令部の第二課と積み上げられ、最後には参謀本部（大本営陸軍部）第二部と重層構造となっていた。海軍では軍令部に情報を扱う第三部があったが、実動部隊の頂点に立つ連合艦隊司令部には、情報参謀のポストがなかった。

どうしてこれほどの違いが生まれたのか。海軍は戦う面が変化の少ない平板で、その戦闘はほぼすべてが砲戦、しかも防御という概念が薄く、何事も攻撃専一で済む。その砲戦も、撃つ場所から相手が見えているのだから、直接照準でよい。ようするに海軍の本質は、陸軍でいえば砲兵だけ、それも対戦車砲兵に特化した単純な集団といえる。

海戦の主役が航空機になっても、それによって超遠距離砲撃が可能になったという程度の認識でしかない。それとても航空機から見える敵を攻撃するのだから単純な話だ。このような体質だから、情報という観念が芽生えない。情報の一分野、通信だけに関心を持っていればよいとなる。これは今日、情報化時代とはいいながら、その実態はコンピュータを利用した通信に関心が傾いているのと同じだ。

また海軍は、装備一式を艦艇に搭載するから、モノの秘密は容易に守れるものと思うようだ。だから防諜にはあまり気を使わない。艦艇は白日の下、隠れるところのない海洋を行動しているから、その性能諸元は、古くから『ジェーン軍艦年鑑』にまとめられている。戦闘にはそれで十分だから、ここでまた情報センスが育まれなくなる。このような傾向は、日本に限らず、どこの国の海軍にも見られるようだ。

陸軍が戦う面は、山あり谷ありと複雑極まりない。砲兵にしろ、火砲の位置から見えない山の向こう側を撃たなければならない。しかも着弾地域のすぐそばには、味方の歩兵が突撃に備えている。見えている敵艦を撃つような単純な話ではない。そのため正確な地図が必要となり、普段から『兵要地誌』を整備しておくことになる。まずは情報活動から始まるのが、陸軍の戦いなのだ。

情報の総本山は参謀本部の第二部だから、「二部」は情報屋を指す符牒《ふちよう》となっていた。よくこの二部育ちは人事面で冷や飯を食わされたため、情報分野が弱くなったと語られていた。それはまったくの誤解で、少なくとも陸軍大学校を卒業した者は、一回は情報畑の勤務があるはずだ。

年度作戦計画を立案するにも、まず第二部長が情勢判断を下し、それに沿って検討を加える。論議の基本を提示するのだから、第二部長には実力者、しかも文句がつけにくい癖のある大物が起用される例が多かった。宇垣一成の信任が厚い二宮治重や建川美次《たてかわよしつぐ》、さらには永田鉄山、本間雅晴も第二部長の経験者というだけで十分だろう。

作戦屋が人事面で優遇される傾向が強かったことは認めるが、情報屋が冷遇されたとも思えない。情報畑一筋の福島安正は、部隊長の勤務が一切ないにもかかわらず、名誉進級ながら大将にまで昇り詰めた。それ以降も大将になった情報屋は何人もいる。連合軍はむしろこの情報屋を注目していたようで、東京裁判で絞首刑となった七人のうち三人、松井石根《いわね》、板垣征四郎《せいしろう》、土肥原《どいはら》賢二は生粋の情報屋だった。またソ連は、抑留した関東軍の将兵のうち、情報関係者のほとんどを帰国させなかったことも、この分野に従事した人を重視していたことの証明といえる。

◆探れなかった最高機密

日華事変が始まると、陸軍の情報関係者の間では地味な情報活動に満足できず、すぐさま効果を上げる謀略を重視するようになった。その最初の表れが昭和十二年十一月の参謀本部第二部への謀略課（第八課）新設であり、初代の課長は影佐禎昭《かげささだあき》だった。影佐は十四年三月、中国に入って「梅機関」を創設し、汪兆銘《おうちょうめい》を重慶から脱出させて南京政府を樹立させた。これが数ある謀略の中で最大のものだ。海軍も中国各地に特務機関を設けており、その多くは戦略物資の調達、収集に当たっていた。これらに従事していた軍属の民間人が、戦後日本の暗部を形作ったことは周知の通り。

このように陸海軍の情報部署が本来あるべき姿から逸脱したため、最も重要な敵の意図や能力を探ることが疎《おろそ》かになった。そもそも英米に通じていたという海軍にしても、お粗末の限りだった。アメリカの鉄鋼生産は日本の二十倍、計算によっては五十倍だ、これでは情報資料にもならない。テキサスの油田はすごい、新潟や秋田の油田は問題にならない、これは旅行記にすぎない。

敵はなにを考え、なにを計画し、なにができるかを探ること、それが情報機関の第一の任務だ。多くの国は、これらを秘密にするが、アメリカはかなりの部分をオープンにする。秘密にすれば、マスコミがスクープしたり、各国の余計な関心を集めるから、暴かれそうなものは最初から公表してしまい、秘密を最小限にする。利口なやり方といえるだろう。

一九四〇年一月三日の米年頭予算教書の中でルーズベルト大統領は、国防費十八億ドル、新会計年度の政策支出金十二億ドルを要請した。そして同年五月、航空機の年間生産機数五万機の計画を承認するよう議会に求めた。これには世界があっけにとられ、ヒトラーはルーズベルトには精神障害があるとまで語った。これは当時、アメリカの航空機生産能力の十倍を超える数字だから、米航空工業界自体が驚愕《きようがく》したという。しかし、実際にアメリカはやり遂げ、戦争中の平均年産機数は六万機に達した。

ルーズベルトは三選を果たした直後の同年十二月、ラジオ放送で「アメリカはデモクラシーの兵器廠になる」と宣言した。翌年に入るとすぐさま民需生産を軍需に切り替える計画立案が進められた。タイプライターのメーカーに機関銃を造らせる、口紅の容器を作っている会社には薬莢《やっきょう》を割り当てるという計画で、これも秘密ではない。

一九四一年夏から、枢軸国を撃破するには、なにがどのくらい必要かという具体的なプラン作りが始まり、太平洋戦争勃発ぎりぎりの十二月四日に成案を得た。これが「勝利の計画」と呼ばれる米軍増強計画で、第二次世界大戦中で最高の機密文書となる。計画全文のコピーは八部しか作られなかったが、計画の一部がマスコミに漏れた。

アメリカの新聞を注意深く精査していたドイツ参謀本部は、すぐさま全貌《ぜんぼう》解明に取り組むこととなり、本来は担当分野が違う東方外国軍課に情報解析が命じられた。驚くことに、東方外国軍課はすべて公刊資料のみで、翌年六月末までにアメリカの計画を明らかにした報告書を仕上げた。しかもそれには、未だ試作段階のM４戦車や上陸用舟艇の写真まで添付されていたとは絶句させられる。

この報告書には、今後一年間の連合国の動向予測も付いていた。それには船腹量の推移予測があり、それから考えて連合軍は一九四二年中には第二戦線を開設できないと結論づけている。日本の判断によると、連合軍の反攻は昭和十八（一九四三）年中期以降としていたことはよく知られている。では、その根拠はといわれるとはっきりしない。実はドイツが読み解いた「勝利の計画」を伝えられ、すっかり感心して自分の判断にしたと考えられる。

それはともかく、ドイツが連合軍の戦争計画を読み切ったのに、どうして日本がやれなかったのか。長年、アメリカを仮想敵としてきた海軍は、なにをしていたのか。ようするに敵の大きな動きに無関心で、地道な情報資料の収集、整理を怠っていたというほかはない。そうでなければ戦艦、空母の建造推移ぐらいは、つかめたはずではなかろうか。

さらには、ソ連の満州侵攻を読み切れなかった失態も、今日なお反省しなければならない。この問題は、開戦の通告が遅れた問題よりも、日本にとってははるかに重大なはずだ。一九四五（昭和二十年）二月上旬のヤルタ会談の内容を、すべて察知できなかったことは仕方がない。しかし、その二月からソ連軍の兵力東送が始まり、ソ連は四月五日に日ソ中立条約を延長しないことを通告してきた。

ここまで材料がそろえば、情報の有無にかかわらず、ソ連の対日戦参加は動かせないと見るのが普通だろう。ところが日本の戦争指導部は、なんとそのソ連に和平の仲介を依頼したのだった。首相だった鈴木貫太郎は、「スターリンさんは、どこか西郷翁に似ている」と語り、だから苦境に立つ日本を助けてくれると妄想した。

トップがこれでは話にならない。情報機関がいかに優秀で、どんなに素晴らしい情報を提供しても、それを活かす立場の者が信じなければ、なんの役にも立たない。その好例が鈴木貫太郎の戯言《ざれごと》である。信じてもらわなければ、一文にもならない情報屋の宿命を最後の場面でも露呈したといえる。

◆防諜を欠いた態勢

独ソ戦勃発後の国策を決定するため、昭和十六年七月二日に御前会議が開催された。対米英戦を覚悟して南部仏印に出る、独ソ戦の推移によっては北にも出ることとし、その準備として関特演を実施すると決定した。御前会議は午前十時から二時間だったが、なんとその日の午後四時、リヒァルト・ゾルゲは在京の外国通信社の記者に御前会議の内容をほのめかしたという。

GRU（ソ連軍参謀本部第四部）の下にあったゾルゲと尾崎秀実《ほつみ》を中心とするスパイ団は、近衛文麿《ふみまろ》とその周辺を主な情報源にしていたことは広く知られている。それにしても御前会議が終わってから四時間足らずで、すでに在京消息筋で話題になっているとはどうしたことか。おそらくゾルゲが東京で活動しだした五年前から、こんなことが起きていたのだろう。御前会議の内容は、最高の国家機密なのにこの有り様、戦前の日本には本当の意味での防諜体制がなかったといえる。

続く御前会議は九月六日に開催され、十月下旬を目途《もくと》に対米英戦争の準備を整える、並行して日米交渉を続けると決定した。このより重要な情報をゾルゲはとらえていない。彼のスパイ団の最初の一人が逮捕されたのは十月十日、尾崎とゾルゲの逮捕が同月十五日と十八日だったから、九月初めはまだ活動できたはずだった。それなのに御前会議の内容をキャッチしていないということは、ゾルゲが持っていた情報源が危険を察知し、口を閉ざしたからだと考えるほかはない。

ゾルゲのスパイ団が壊滅して一件落着とはならなかった。前にも述べたように参謀本部第十八班はイギリスの外交用暗号E３Aを解読していたので、在日英大使館の通信はすべて明らかになっていた。傍受していたその中に、詳しい御前会議の模様すら出てくる。これには驚いたことだろう。

誰が英大使館に漏らしたのか。これはすぐに特定できる。英大使館でよく開かれていたニュース映画を見る会に招待された者達の誰かだ。さてどうするかといっても、相手は重臣も含む超大物ばかり、容易に手を出せる相手ではない。そこで情報を漏らしている可能性がある者にコードネームを付け、周囲に諜報員を潜り込ませて監視した。そのような措置を講じても、開戦で英大使館が閉鎖されるまで情報の流失は続いたと思われる。

太平洋戦争が始まってからの昭和十七年七月かに、支那派遣軍の憲兵隊が上海でソ連の諜報組織を摘発した。その記録の中にも御前会議の模様があった。さらに不可解なことは、昭和二十年八月に入ってから、御前会議が開かれる日は東京空襲を中止するようにとの指令がメルボルンから発信されていたという話さえ残っている。最高機密であるはずの御前会議の情報は、最後まで漏れ続けていたのだ。

今日、御前会議の機密を漏泄《ろうせつ》した者を名指しする研究者もいる。しかし、事の重大さからして、これを個人プレーだったとするのは間違いで、日本の指導層の中に大きな組織があって、その仕業だとするほかはない。防諜の態勢が整っていなければ、情報活動の両輪がそろわない。最高度の機密が筒抜けでは、いくら情報活動に力を入れても無駄になる。そういう意味で日本は情報戦に負けたといえる。

◆慎重であるべき情報機関の創設

最近、日本にもイギリスのＳＩＳ（シークレット・インテリジェンス・サービス、通称ＭＩ６）をモデルにした情報機関をという提言がなされた。英外相の統制下にある組織だ。外務省の傘下という点が柔らかくて好まれるのだろうし、スパイ映画でポピュラーだからＭＩ６となったのだろう。そのような組織の創設を考えることは時宜に適《かな》っているとしても、そこに大きな二つの問題があることを指摘せざるを得ない。

第一の問題は、情報に敏感な国民性の国に大きな情報機関をつくると、とんでもない事態に発展しかねないということで、その好例が韓国のＫＣＩＡ（中央情報部）だ。韓国は情報戦で北朝鮮に負けているとされ、一九六一年の軍事革命の直後にＫＣＩＡが創設された。そもそも半島部に生きる民族の情報センスは研ぎ澄まされており、国内外の動きに敏感だ。そのためごく普通の民衆までもがＫＣＩＡを強く意識し、ＫＣＩＡの要員は門衛に至るまでが権力を握ったと思い込んだ。こうして創設当初からＫＣＩＡは、韓国最強のパワーセンターとなり、さまざまな問題を引き起こした。そして最後は、そのＫＣＩＡ部長が朴正熙《パクチョンヒ》大統領を射殺する事態にまで立ち至った。

日本人が情報に疎いというのは勘違いで、過剰なまでに敏感であることは前に述べた。そういう所にＳＩＳのような情報機関を設ければ、あらゆる権力と権威がそこに集中するだろう。その結果、ＫＣＩＡ以上に異様なパワーを持つＪＣＩＡが誕生してしまう可能性が大きい。

また、国策が内向きの国の情報機関は、国内を監視する機能を重視する方向にずれてくる。特に日本は、「専守防衛」と宣言している内向きの国家であることを認識しておきたい。まして情報機関は防諜という側面を持つから、どうしても国内に目を向け、しまいには国民の自由を抑圧する機関となる。これまたＫＣＩＡがその例となる。

第二は、あらゆる組織に共通する「人」の問題だ。特に情報の分野では、これが切実な問題となる。いくら情報関連機器が発達しても、人間の機能をすべて代替し得ない。情報の分野で求められる人間の能力は多岐にわたる。それを要約すれば、アンテナを張り出す能力、語学の能力、文章作成の能力となろう。これをチームでやろうとしても、意思の疎通や防諜の面などで問題があり、一人で完結しているのが望ましい。

そんな人材、どこにいるのかという疑問があって当然だ。そこで育成しようとなる。その一つの動きになるが、陸上自衛隊では普通科、特科といった職種として「情報科」を設ける予定だ。こうすれば、腰掛けではなく、本腰を入れて情報センスを磨くだろうということだろう。

そのような人材育成が成功しても、なお問題が残る。情報の分野は、同じ部署での比較的長い勤務となる。そうなると人事面で不利になりがちで、そこに不満が鬱積《うっせき》する。洋の東西を問わず、情報の分野で起きた大きな事件は、ほとんどがこの人事面での不満が原因だった。人事面での配慮をどうするか、そのあたりを固めてから、情報機関新設の話を始めても遅くはない。

第七章　陸海軍の統合ができない風土

◆信じられない話

輸送用とはいうものの、陸軍がまったく独力で潜水艦を設計、建造して、陸軍の手だけで運用したという国は日本だけだろう。また今日でいうドック型揚陸艦はMT船、上陸用舟艇は大発（大発動機艇）、小発として、日本は早くからほぼ完成した形で運用していた。それもすべて陸軍が開発したものだと聞けば、複雑な気持ちにさせられる。その一方で海軍は、戦車にご執心だった。昭和十八年度、日本は戦車を七百八十両ほど生産したが、その半数以上は海軍向けであったことは秘められた事実だ。

この陸軍と海軍の装備の話は、チグハグという言葉だけでは表現できない状況に陥っていた。細かいところでは、航空機に搭載する機関銃の弾薬だ。航空機用の七・七ミリ機関銃は、陸海軍共にビッカース系列のものを原型としている。ならば弾薬は共用と思うが、実はそうではない。海軍は、オリジナルの弾薬を使い続けた。陸軍は、なぜか改良を加えたため薬莢の形状が変わり、共用性が失われてしまった。

二十ミリ機関砲の場合、海軍は早くからエリコン社製を採用して、零戦に搭載していた。

陸軍で単発戦闘機に二十ミリ機関砲を最初に搭載したのは、三式戦「飛燕《ひえん》」となる。強力、最新のモーゼル社製のものを八百門購入し、潜水艦で輸送した。すぐにもコピーが作れると思ったのだろうが、そうは簡単にいかず、各機二門装備だから、モーゼルを搭載しているのは四百機ほどに止まった。そのほかの「飛燕」も、それから開発された四式戦「疾風《はやて》」もブローニング系列のものでしのぐこととなった。ここにエリコン、モーゼル、ブローニングの三種が混在することとなり、もちろん弾薬の共用性はない。

製造技術も習得し、性能も安定しているエリコン社製の二十ミリを、海軍が陸軍に分けてやればよいだけの話のはずだ。ところが、陸海軍の見えざる壁に阻まれて、それができない。

「分けてやるものか」「もらってやるものか」と感情的になるから厄介だった。

空母「信濃」でも傑作な話が残っている。太平洋戦争が始まってすぐに、横須賀で建造していた戦艦「信濃」は工事中止となり、これは陸軍を含め広く通達された。ところが昭和十七年の秋頃から、海軍が要求する鋼材が急増しだした。陸軍の関係者が、「なにに使うのか」と訊《たず》ねると、「秘密兵器を作っている」との答え。「どんな秘密兵器か」と重ねて訊ねると、「ですから……、秘密です」。実は「信濃」を重装甲空母とする工事を再開していたのだ。それを一切、知らせなかったとは、なんとも風通しの悪い話だ。

激戦が続き、海軍がいう秘密兵器がなんであるか興味も失った頃の昭和十九年十一月末に、巨大空母「信濃」が沈没したとの大ニュースが飛び込んできた。その時、陸軍はようやく「秘密兵器とはこれだったのか」と気づいたという。「信濃」は基準排水量六万四千八百トンの巨艦、いくら鋼材があっても足りないのはわかる。それならそれで正直に話せば、気持ちよく協力したものをというのが、陸軍側の正直なところだったろう。

余談になるが、陸軍と海軍で規格が違うのは、それなりの理由があってまだ救いがある。ところが、陸軍の中ですら統一されていなかったとは情けない。太平洋戦争中、歩兵の主要装備は、九九式歩兵銃、九九式軽機関銃、そして九二式と一式の重機関銃だった。口径はすべて七・七ミリだが、話はそこからむずかしくなる。歩兵銃、軽機関銃、一式重機の弾薬は同一だ。九二式重機の弾薬は、まったく別の規格で先の三種には使えない。しかし、排莢不良を覚悟すれば、九二式重機にはすべての弾薬が使える。こうなるとパズルだ。

◆海洋国家らしからぬ姿

戦場を海外に求める海洋国家において、理想とする海軍と陸軍の関係は、かなり古くから定まっていた。海軍が陸軍を目的地まで送り届ける。補給も海軍が責任を持つ。万が一、陸軍が敗退するようなことになれば、海軍は全滅を賭してでも撤収させる。「わが陸軍を見捨てない」ことを海軍は誇りとする。一九四〇（昭和十五）年五月末からのダンケルク撤収作戦で、英海軍はその精神を実践して見せた。

この海軍と陸軍の理想的な関係を、第二次世界大戦中に連合軍は「統合」（ジョイント）という形で完成させた。特に上陸作戦において、それは顕著だった。上陸作戦に参加するあらゆる部隊は、海軍の作戦指揮下に統合される。上陸して内陸部に進攻する陸軍の部隊も、輸送船に乗船すれば海軍の指揮を受ける。上陸用舟艇を動かすのも海軍の将兵で、乗艇している陸軍の将兵はその指示に従う。水際を越えて海岸堡《ほ》（ビーチ・ヘッド）に入ると、海軍の指揮を脱して本来の指揮系統に戻る。補給、補充の流れも同じだ。

ようするに「餅は餅屋」で、水の上のことは練達したセーラーに任せなさいということになる。海を知らない国ならばいざ知らず、四周環海で外に打って出る国ならばごく当たり前のことだ。ところが日本軍は違っていた。

日本の陸軍は、あらゆる海上輸送を自分の手でやった。もちろん陸軍は大型船舶を抱えていないが、戦時になると民間船舶を船員ごと徴用する。陸軍のものはA船、海軍のものはB船、民需用はC船と区別していた。ちなみに太平洋戦争の開戦時、日本が保有していた船腹量は五百九十八万総トン（千総トン以上の船舶のみ）、A船は二百十万総トン、B船は百八十万総トンとなっていた。この船腹量の取り合いが、陸海軍の仲を決定的に険悪なものにした。

輸送船の運航は徴用された船員の手による。しかし、海上輸送に付随するものは多岐にわたる。上陸用舟艇の運航、積み込みと揚陸の作業、通信、自衛火器の操作などがあり、最盛期には陸軍の将兵三十万人がこれらの任務に就いていた。これは陸軍にとって大変な負担となった。

船団の護衛には、もちろん海軍の艦艇が当たる。では、護衛部隊の指揮官が輸送船団の指揮権を握っていたかというと、必ずしもそうではない。陸軍が運用している船団の指揮権を、海軍に無条件で渡すことも考えられない。実際の問題として、外航船のベテラン船長を経験の浅い海防艦や駆潜艇の艦長、艇長が指揮できるものかという問題もある。しかも、中央での協定ができず、多くの場合、現地協定でお茶を濁しており、「協同」の関係以上のものではなかった。

このように「餅は餅屋に任せる」ということではないし、輸送する者、それを護衛する者の関係がはっきりしていないから、信じられないような椿事《ちんじ》が起きる。万事、順調に見えた太平洋戦争の緒戦ですら、大変な事件が起きた。

昭和十七年二月二十八日から三月一日にかけ、ジャワ島西部でバタビヤ沖海戦があった。インドネシア攻略の第十六軍主力を搭載した輸送船四十七隻を護衛していた重巡洋艦二隻を基幹とする日本艦隊と、そこへ突っ込んできた連合軍との海戦だ。この時、日本軍の輸送船四隻が被雷して沈没した。第十六軍司令官の今村均も海中に投げ出され、三時間も泳ぐ羽目になった。

のちの調査の結果、輸送船を沈めた魚雷は、日本軍が発射したものと判明した。青くなった海軍の関係者は、今村均を訪れて陳謝した。すると今村は海軍の護衛を篤く謝し、「敵にやられたことにしましょう」と笑って水に流したという美談を残した。このような事態を教訓として、護衛の艦艇と船団の統一指揮の問題が論じられ、友軍相撃を未然に防ぐ方策を探るのが本来あるべき姿だろう。それを美談で終わらせて、万事めでたしとするのは、いかにも日本人だなと思う。

統一指揮の下に行動すれば、情報を共有することができて、錯誤が避けられる。どこに友軍の上陸船団がいるかわかっていれば、その方向に魚雷は発射しない。日本海軍が誇る九三式酸素魚雷は、炸薬《さくやく》五百キロ、五十ノットで二十キロ突っ走る。速力を三十六ノットに落とせば四十キロ届く。レーダーのない時代、味方にも危ない代物なのだ。

◆レイテ決戦の背景

情報が共有されていなければ、戦術面でもさることながら、作戦・戦略面で大きな錯誤をもたらし、大変な事態になりかねない。それは台湾沖航空戦から捷《しょう》号作戦発動、レイテ決戦の流れの中で現実のものとなり、日本軍の致命傷となった。

一九四四(昭和十九)年十月初旬、ウルシー環礁を出撃した米第三十八機動部隊は、正規空母九隻、軽空母八隻、戦艦六隻を基幹とし、艦載機は千機を超えていた。第三十八機動部隊は、同月九日に沖縄を中心とする南西諸島を、十一日にフィリピン北部を空襲し、十二日から三日間にわたって台湾に襲いかかった。レイテ島上陸に先立ち、日本本土、台湾、フィリピンのリンクを断つのが目的だった。

これに対して日本の連合艦隊は、十月十二日に捷一号、捷二号作戦を発動し、全力をあげて敵機動部隊に攻撃を加えた。十二日、十三日の攻撃では、相当な戦果を上げたものと判定された。十四日払暁時の空襲は低調であり、同日午前中から来襲機が一切なくなったことは、敵機動部隊に大打撃を与えた証拠と思われた。

帰還機の報告を集計して出した戦果は、どんどんと膨らみ、最終的には、撃沈は空母十一隻、戦艦二隻、撃破は空母八隻、戦艦二隻という途方もない数字になり、十月十九日に大本営発表として放送された。実際はどうだったかといえば、空母一隻が墜落機に直撃されて損傷、巡洋艦二隻が被雷損傷、艦艇の沈没は一隻もなかった。

大本営海軍部と連合艦隊司令部は、本当にこの幻の大戦果を信じていたのか。とても考えられないことだが、少し割り引いてはいても信じていたのだ。その証拠に十月十五日、瀬戸内海にあった重巡洋艦二隻を基幹とする第五艦隊（第二遊撃艦隊）を、残敵掃討と敵兵を救助せよとの命令のもと、出撃させている。

ところが早くも十月十六日、偵察機が作戦行動中の米空母十三隻を視認した。その翌日、十七日には四群からなる米機動部隊を発見し、台湾沖航空戦の戦果は幻であったことが判明しだした。武士の情けと溺者救助に向かった第五艦隊が水平線上に見たものは、熊蜂の巣だった。敵艦載機が乱舞しているのだ。第五艦隊は急いでUターン、あわてすぎて大島沖で燃料切れとなって立ち往生した艦艇もあった。

さて、問題はこれからだ。どうしたことか、戦果誤認、敵機動部隊健在の情報は、大本営陸軍部に伝えられなかった。大戦果と気負って発表した手前、気恥ずかしくて話せなかったのか。海軍だけのことならば、何時《いつ》か挽回すればよいかもしれない。しかし、陸軍と連携してフィリピンで決戦するというのだから、事実を伝えないとは、なんとも解せない話だ。

陸軍としては、海軍発表の大戦果を鵜呑《うの》みにはしなかっただろうが、希望的な観測にすがるのは無理からぬことだ。十月十七日、米軍はレイテ湾入口にあるスルアン島に上陸し、レイテ島に進攻してくることが確実視された。それまでの計画では、フィリピン決戦の舞台はルソン島としていた。しかし、米機動部隊が全滅とはいわないまでも、戦力半減ともなれば、ルソン島以外でも決戦を挑んで追い落とすとの構想が生まれてくる。

現地フィリピンにあった第十四方面軍は、ルソン島以外での決戦に消極的だった。マニラは十月十五日から空襲されているのだから、台湾沖航空戦の戦果に疑問を持つ。また、現実にレイテ島に押しかけて上陸しようとしているのだから、敵の戦力は万全なはずだと考えるのが健全だ。さらにそれまでルソン島で決戦と準備を整えてきたものを、方針を一変すると混乱すると危惧するのも現地の部隊として当然だった。

しかし、海軍はいきり立ち、連合艦隊の主力をレイテ湾に突っ込ませるという。失敗したら大変だと大本営陸軍部はこれを止めたが、海軍はいうことを聞かずに、戦艦「大和」「武蔵」までもつぎ込むと決意のほどを示す。これに陸軍も引きずられ、南方軍は第十四方面軍に、「驕敵《きようてき》撃滅の神機到来せり」とまでいってレイテ島での決戦を命じた。

日本陸海軍は「多号作戦」と称し、機帆船から現地の舟艇まで投入して九次にわたってレイテ島に増援を送り込んだ。その船舶の損害は甚大だった。レイテ島を巡る戦闘は、昭和十九年十月から十二月に及び、その間の日本側船舶喪失量は百十一万トンにも達し、そのほとんどは、この海域とバシー海峡一帯で生じたものだった。そしてレイテ島に投入された兵力は約八万四千人、戦没した人員はなんと七万九千人以上と記録されている。この数字だけで悲劇を伝えるに十分、戦闘の経過を敢えて語るまでもないだろう。

第十四方面軍は、飢餓線上をさまよいつつルソン島北部で持久戦を続けていたが、終戦となり山を下り降伏することとなった。第十四方面軍司令官の山下奉文と南西方面艦隊司令長官の大川内《おおかわ》伝七《ち》は、まる一日も山道を歩いて米軍第一線に出頭した。方面軍参謀長であった武藤章は、その回想録で「大川内中将の脚こそ、海軍には惜しいくらいの強さであった」と書き残している。文字面だけを見れば、少々の皮肉ぐらいに思うだけだろう。

しかし、「とうとう死んだか」といわれた第十四方面軍の苦境を知ると、この一節に万恨が込められているように感じられてならない。そもそもは、台湾沖航空戦での戦果誤認に始まってレイテ決戦を強いられた。そのため手薄になったルソン島では、苦戦の限りをつくした。そんな中で海軍の部隊はなにをしていたのか。後方で食糧集めに狂奔していただけではないのか。それでなければ、司令長官以下、皆元気のはずがないと、いかにも武藤章らしい回想だ。

◆大正軍縮の後遺症

日本に限らず、各国とも陸軍と海軍は反目し合う関係にあるようだ。その原因はと探ると、結局は予算の配分に行き着く。平素から予算の獲得合戦を演じているのだから、なかなか戦友意識は生まれない。「困っているから助けてやろう」「よくぞ救ってくれた」という気持ちが相互になければ、作戦思想が異なる陸軍と海軍の統合が形になるはずがない。

明治期における予算額は、おおむね陸軍優位で推移していた。日露戦争直前の明治三十六（一九〇三）年度、陸軍は十五万人、海軍三万四千人と人的規模に大きな差があったから、当然だった。また主要艦艇は輸入に頼っていた時代で、膨大な建設費や維持費がかかる造船・造機施設を抱えていないことからも、海軍は経費的に楽な時代だった。

ところが、日露戦争でパーフェクトな勝利を収めた海軍は、アメリカを新たな仮想敵として大艦隊を建設する構想を描いた。その計画が始まる大正五（一九一六）年度予算から、海軍の予算は陸軍を上回り続けることとなる。八四艦隊（戦艦八隻と巡洋戦艦四隻）、八六艦隊、八八艦隊と進むにつれ、海軍費は巨額なものとなった。

この八八艦隊の概要は、次のようなものだった。戦艦は「長門」「陸奥」「土佐」「加賀」「紀伊」「尾張」と艦名未定の第七号艦と第八号艦。巡洋戦艦は「天城」「赤城」「愛宕《あたご》」「高雄」と艦名未定の第五号艦から第八号艦まで。毎年、戦艦一隻、巡洋戦艦一隻ずつ建造していく計画だから、八年後に八八艦隊が完成する。それからも計画は続き、艦齢八年を超えると第二線艦隊に編入し、十六年後には新旧二つの八八艦隊を保有するという気が遠くなるような計画だ。

八八艦隊の戦艦第一号艦「長門」の起工は大正六年八月、竣工《しゅんこう》は大正九年十一月だった。建造費は兵装費を含めて総額四千三百九十万円と記録されている。大正六年度の歳出総額は七億七千万円という時代の話だ。八八艦隊の建設が本決まりになった大正九年度には、陸軍費二億四千七百万円に対して海軍費四億三百万円、翌十年度はさらに差が広がり、陸軍費据え置き、海軍費は四億八千四百万円にも達した。歳出総額の三割以上を海軍が使うという異常なこととなった。

陸軍は大きな不平の声も上げず、この予算配分を受け入れていた。日本海海戦の快挙が和平の糸口を作ってくれたと、陸軍は海軍に感謝の念を抱いていたからだろう。将来戦のためには、これだけの艦隊を必要とすると海軍がいう以上、それを認めざるを得ない。首相は原敬《たかし》、陸相は田中義一と山梨半造、海相は加藤友三郎の頃のことだ。

しかし、海軍はすぐさま腰砕けとなった。一九二一（大正十）年十一月からのワシントン会議でアメリカのヒューズ提案を受け入れ、海軍軍縮に応じた。八八艦隊構想は、戦艦は「長門」「陸奥」の二艦で終わり、巡洋戦艦はなしという形となった。三大海軍国としては、国際協調という旗印に逆らえないのは理解できる。それでも、八八艦隊を推進していた中心人物、加藤友三郎が全権なのに、こうもあっさり外圧に屈するとなると、あれこれ憶測される。実は海軍自身、八八艦隊など無理なことを知りながら、予算獲得の道具にしていたのではないかと疑われても仕方がない。

陸軍は第一次世界大戦の戦訓から新装備導入の必要性を痛感しつつも、我慢を重ねていた。バケツを叩いて「はい、これ機関銃」、竹の骨組みに紙を張って「はい、これを戦車と思いなさい」。子供のいたずらで穴があき「戦車大破」となる始末。そこまでして予算を海軍に回していた陸軍が、「これは一体どうしたことか」と疑問に思う気持ちは理解してやりたい。さらに、海軍が軍縮したのだから、陸軍もそれにならうべきだとの話が持ち上がってくるとなると、陸軍も心穏やかではいられない。

結局、時流に逆らえず、陸軍も軍縮に応じることとなる。まずは大正十一年七月から二次にわたる「山梨軍縮」だ。悪いことに当時の首相は加藤友三郎だった。よからぬ噂《うわさ》が囁かれている田中義一と山梨半造が、海軍のたくらみに乗せられ、しかも政党に迎合して陸軍を裏切ったとなった。これが昭和の陸軍を混迷させる遠因ともなる。

山梨軍縮では、編制を大きく変えて、当時の常設師団二十一個のうち実勢力として五個師団相当分を削減した。その代償はなにか。各歩兵大隊に六挺の軽機関銃だった。これでは話にならないと、憤激が陸軍を覆った。悪いことに大正十二年九月、関東大震災が起きたため、復興資金を捻《ひね》り出さなければならなくなり、さらなる軍縮が求められた。

大正十四年五月、宇垣一成陸相は常設師団四個を廃止して、それで浮いた予算を陸軍の近代化に充てるとした。いわゆる「宇垣軍縮」だが、彼に言わせれば、軍縮ではなく、軍制改革、軍備整理なのだとした。質の面で列強に追いつくためには仕方がない措置だし、剛腕で鳴らす宇垣に逆らうと首が飛ぶと、反対派も渋々と受け入れたのが実情であったようだ。

それでも精神的な拒絶反応は、のちのちまで強く残った。四個師団を廃止するとなると、国軍団結の象徴、歩兵と騎兵の連隊旗二十旒《りゅう》を宮中に返納しなければならない。「なんとも観念的よ」といえるのは今だからで、戦前はその精神構造こそが国軍を支えていると信じられていたのだ。また、「俺の原隊（少尉に任官して最初の部隊）がなくされた」と恨みにも似た雰囲気が残った。

そんなモヤモヤとした陸軍の不満は、海軍に向けられた。海軍はこれまで国を破産させかねない建艦計画を推し進め、陸軍は我慢を重ねてきた。あまりに大きな計画のため、世界に目を付けられ、そのうえ、国際協調とかで計画をあっさりと放棄した。初めから本気の計画だったかどうかすら疑わしい。あげくの果てに、旧態依然の陸軍を道連れにして、二十一個師団のうち実質、九個師団を捨てさせられた。海軍とは、とんでもない連中だとの意識が陸軍の中に定着してしまった。

このような感情の問題に発展してしまうと、理屈では説得できない。上に立つ者が強制力をもって指導しなければならないのに、上の者ほど恨み骨髄に徹しているから処置なしだった。これでは陸海軍の統合など夢物語となる。

◆陸海軍統合の試み

太平洋戦争中の陸軍と海軍の相克は、面白おかしく語られてきた。鉄鋼やアルミニウムといった戦略物資の取り合いや軍事思想の違いからくる対立は仕方がないにしろ、何事も対等でなければ納得できない、陸軍の意見だから反対だ、海軍の言うことは聞かないといった子供じみた意地の張り合いは、たしかに漫画だった。とはいうものの、陸軍と海軍が真に統合されなければ、太平洋の戦いは勝てないと自覚し、その試みもなされてはいた。

そもそも日本の武力組織は、明治二年七月に創設された兵部省《ひょうぶ》に始まる。兵部省では軍政と軍令とが一元化されていた。同時に、陸海軍を統合した組織でもあった。規模が大きく、かつ複雑になると、まず明治五年二月に陸軍省と海軍省とに分かれ、軍政面は二系統となった。

そして陸軍では、明治十一年十二月に参謀本部が設けられ、軍政と軍令が分離された。海軍では長らく軍政と軍令が一元的だったが、明治二十六年五月に海軍軍令部が独立し、さらに昭和八年九月に軍令部と改称された。これで陸軍は参謀本部と参謀総長、海軍は軍令部と軍令部総長となり、陸海軍とも二元組織となった。

平時においては、軍隊といっても行政面の業務が主で、陸軍と海軍の統合問題はそれほど意識しなくてもよい。最大の問題となる予算配分でも、プランの段階で大蔵省との折衝があり、さらに閣議、国会の審議となるので、その過程の中で陸海軍のバランスがとれる。少なくとも制度上はそうなっていた。

問題は戦時に、軍令の面でどう統合させるかだった。そこで大本営が設置される。明治憲法第十一条では、統帥権は天皇の大権として独立している。戦時には、大元帥である天皇に直属する幕僚組織が必要となる。そこで陸軍と海軍の軍令組織の中枢部を一つの箱に入れ、その上に大纛《たいとう》（大きな旗、天皇旗）を掲げた天皇が立つという組織、それが大本営だ。天皇のところで陸海軍の統合を完結させるという図式だった。

明治二十六年五月に戦時大本営条例が定められ、これによって日清戦争における大本営が設置された。その条例の第二条には、「大本営ニ在テ帷幄ノ機務ニ参与シ帝国陸海軍ノ大作戦ヲ計画スルハ参謀総長ノ任トス」とある。すなわち天皇の幕僚長は参謀総長の有栖《ありす》川宮熾仁《がわのみやたるひと》で、陸軍参謀部長は参謀次長の川上操六、海軍参謀部長は海軍軍令部長の樺山《かばやま》

図版9　陸海軍中央統帥組織（昭和16年12月）

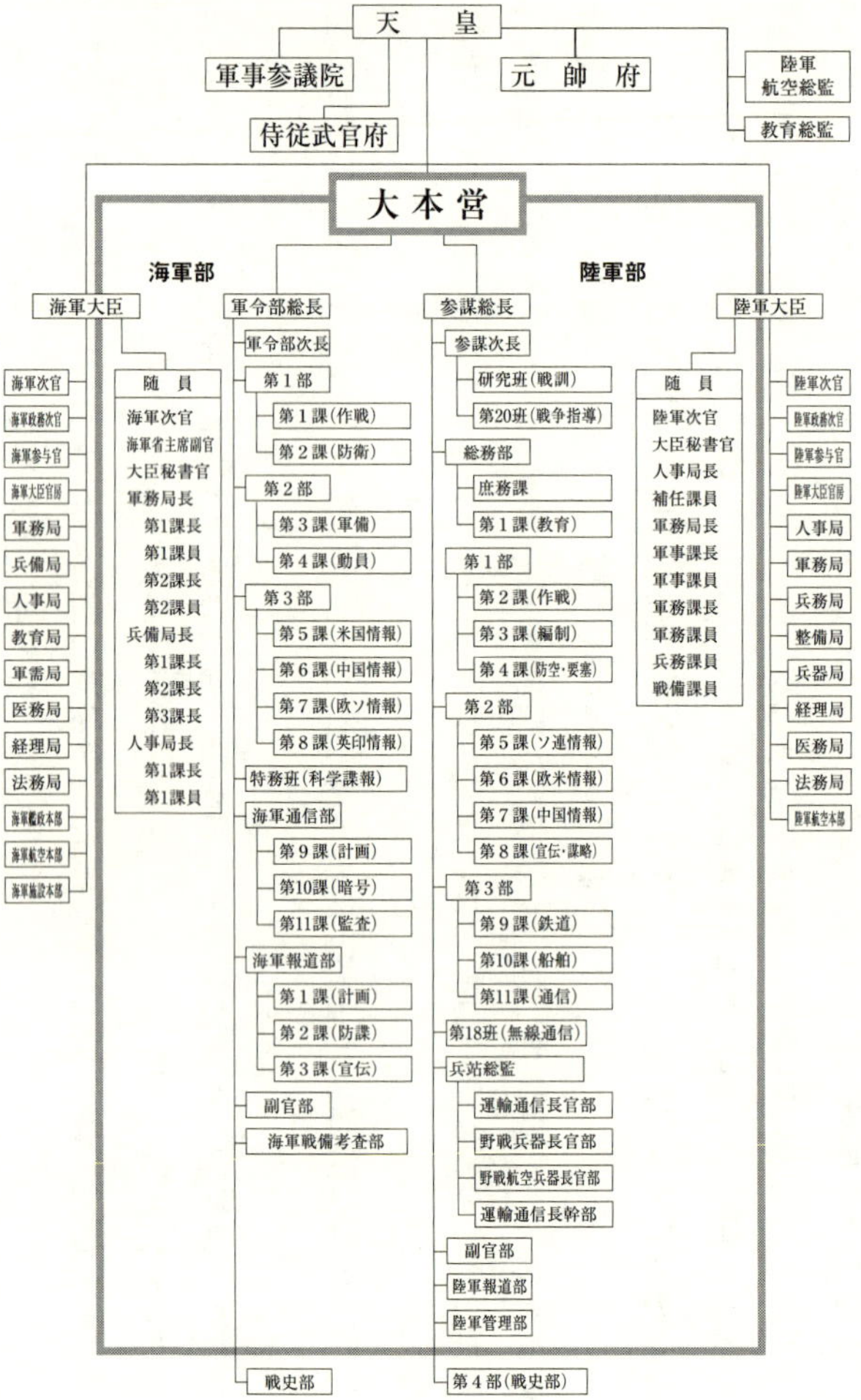

天　皇
軍事参議院
元　帥　府
陸軍
航空総監
教育総監
侍従武官府
大本営
海軍部
陸軍部
海軍大臣
軍令部総長
参謀総長
陸軍大臣
海軍次官
海軍政務次官
海軍参与官
海軍大臣官房
軍務局
兵備局
人事局
教育局
軍需局
医務局
経理局
法務局
海軍艦政本部
海軍航空本部
海軍施設本部
随　員
海軍次官
海軍省主席副官
大臣秘書官
軍務局長
第1課長
第1課員
第2課長
第2課員
兵備局長
第1課長
第2課長
第3課長
人事局長
第1課長
第1課員
軍令部次長
第１部
第１課（作戦）
第２課（防衛）
第２部
第３課（軍備）
第４課（動員）
第３部
第５課（米国情報）
第６課（中国情報）
第７課（欧ソ情報）
第８課（英印情報）
特務班（科学諜報）
海軍通信部
第９課（計画）
第10課（暗号）
第11課（監査）
海軍報道部
第１課（計画）
第２課（防諜）
第３課（宣伝）
副官部
海軍戦備考査部
戦史部
参謀次長
研究班（戦訓）
第20班（戦争指導）
総務部
庶務課
第１課（教育）
第１部
第２課（作戦）
第３課（編制）
第４課（防空･要塞）
第２部
第５課（ソ連情報）
第６課（欧米情報）
第７課（中国情報）
第８課（宣伝･謀略）
第３部
第９課（鉄道）
第10課（船舶）
第11課（通信）
第18班（無線通信）
兵站総監
運輸通信長官部
野戦兵器長官部
野戦航空兵器長官部
運輸通信長幹部
副官部
陸軍報道部
陸軍管理部
第４部（戦史部）
随　員
陸軍次官
大臣秘書官
人事局長
補任課員
軍務局長
軍事課長
軍事課員
軍務課長
軍務課員
兵務課員
戦備課員
陸軍次官
陸軍政務次官
陸軍参与官
陸軍大臣官房
人事局
軍務局
兵務局
整備局
兵器局
経理局
医務局
法務局
陸軍航空本部

資紀《すけのり》となった。この人事から見てもわかるように、「陸主海従」の形で陸海軍の統合が図られている。

日清戦争が始まると、大本営は広島の第五師団司令部に入り、明治天皇もそこに位置し、幕僚も陸軍、海軍一緒に勤務した。小さいことのように見えるが、大元帥以下が同じ場所で勤務することは、相互の理解と融和を深めるのに資した。

日露戦争を前にした明治三十六年十二月、戦時大本営条例が改正された。そのポイントは第三条で、「参謀総長及海軍軍令部長ハ各其幕僚ニ長トシテ帷幄ノ機務ニ奉仕シ作戦ヲ参画シ終局ノ目的ニ稽《かんが》ヘ陸海両軍ノ策応協同ヲ図ルヲ任トス」とある。すなわち参謀総長と海軍軍令部長は対等の関係になり、陸海軍並立となった。

日清戦争での戦時大本営は円滑に機能したのだから、条例改正の必要はないとの意見も強くあり、明治天皇の意見もそうであったという。しかし、海軍が実力を付け、強大なロシア海軍を敵とするのだからということで、海軍の地位を上げる改正となった。

日露開戦となり戦時大本営が設置され、大本営そのものは明治天皇の現在位置、すなわち宮中となる。陸軍部は三宅坂の参謀本部、海軍部は霞ヶ関の海軍省に置かれた。走れば十分という距離だが、同じ場所で勤務するのとは違って、両者の関係は疎遠なものに傾きがちになった。

昭和十二年七月、日華事変が始まり、長期戦の様相を呈するようになると、参謀本部と軍令部は、大本営の設置を望んだ。しかし、既存の戦時大本営条例では事変にふさわしくない。そこで昭和十二年十一月十八日、新たに大本営令を定め、同月二十日に大本営が設置され、敗戦後の昭和二十年九月十三日に解散となる。

大本営令には期待が集まったが、ふたをあけて見ると、明治三十六年の戦時大本営条例と同じようなものだった。それでも日華事変は陸軍主体の作戦であり、太平洋戦争の緒戦は船団護衛ぐらいが問題であったから、陸海軍の統合はそれほど深刻な問題にならなかった。ところが戦争が激しくなるにつれ、徴用船舶や航空機生産の配分が大きな対立をもたらし、感情問題にまで発展した。

昭和十八年八月頃、絶対国防圏構想が固まると、陸海軍が統合されなければ島嶼を巡る作戦が成り立たないとなった。そこで若手幕僚の間から大本営の改組案が出てきた。その内容は、幕僚部総長を置き、陸軍部、海軍部の垣根をなくし、機能別にした部課は陸海軍混成にするというものだった。もっともな案として誰もが耳を傾けるものの、幕僚部総長をどちらが出すかで暗礁に乗り上げる。「海軍のことも、陸軍のこともわかる人がいるのかね」と反論されると返答に詰まる。

このようなプランは、何度も出ては消えた。陸軍省軍務局からは、陸軍部と海軍部を取り払って二位一体化する総幕僚制を提唱したこともある。海軍は陸海軍混成で少数の大本営総参謀というポストを設け、ここで両総長を補佐する案を出した。結局、どの案も総論賛成、各論反対、特に人事問題で消えていく。陸軍部は市ケ谷、海軍部は霞ヶ関と別々の場所で勤務しているからいざこざが絶えないのだから、ちょうど中ほどにある国会議事堂を借り上げて、一緒に移転しようとの話まであった。

本土決戦の準備にまで追い込まれた昭和二十年三月、日清戦争当時の大本営に戻ろうという話が浮上した。統合幕僚長というべき大本営総長のポストを設け、その下に陸軍部、海軍部の幕僚長を置くというものだ。この構想は陸軍部内でかなり進み、陸軍部幕僚長の人選もほぼ決まっていた。ところが既に戦力を失い、明らかに大本営総長のポストが取れない海軍が強く反対して立ち消えとなった。こうして統合の重要性は認識しつつも、結局は形にならず敗戦を迎えた。

◆始まった自衛隊の統合運用

陸海軍の統合ができなかったことが、日本の敗因の一つと語られてきた。その教訓を日本再軍備に活かそうと、さまざまな施策がなされた。陸海空の幹部要員の教育を一カ所で行なう保安大学校（昭和二十八年開校、同二十九年に防衛大学校と改称）がその象徴となっている。陸海空三軍共通の士官学校は、おそらく世界でここだけだろう。「同じ釜の飯を食えば仲良くなる」といった浪花節が軍事の世界に通用するかどうかは別として、世界に先駆けた革新的な施策であることは間違いない。

自衛隊が昭和二十九（一九五四）年七月と、かなり早くから統合幕僚会議を設けたことも、統合の重要性を認識していたからだ。この組織は、一九四九年八月に創設された米軍の統合参謀本部をモデルにしている。米軍の場合、統合参謀本部は太平洋軍や中央軍といった陸海空軍・海兵隊からなる常設の統合軍をコントロールしている。日本の場合、そのような統合された常設部隊はない。陸海空自衛隊の二つ、もしくは三つが統合された部隊を編成した場合、統幕議長が首相や防衛庁長官を補佐するとなっていた。実際に部隊を持っていないので所帯も小さく、「高位高官権限皆無」と揶揄されていた。

北海道有事、西方有事といった大きな局面ばかりでなく、本土防衛ではどこでも陸海空の統合作戦が求められていることは明らかだ。そこで平時から一歩進めて統合運用しようということになり、平成十八年三月に統合幕僚監部が新設され、自衛隊の統合運用が始まることとなった。制度的に一歩前進ということだ。

これがうまく機能するかどうか、韓国軍のケースが参考になる。一九九四年に米軍人の米韓連合軍司令官は、平時の作戦統制権を韓国軍に委譲した。韓国軍は、合同参謀本部の権限を強化し、合同参謀本部議長が作戦統制権を行使することとした。これで各参謀本部(陸海空軍の本部)の役割は、教育・訓練や人事が主となり、その権能は削減された。合同参謀本部はソウル市内、各本部は大田《テジョン》市付近に位置している。

さぞやソウルにある合同参謀本部に人気が集まるかと思いきや、実はそうでもないといわれる。平時の軍隊は、教育・訓練が主軸となるから、それから離れたくない、離れてしまうと傍流になりかねないとの意識が働く。だから合同参謀本部には行きたくないとなる。

昇進の条件である部隊長職が遠のくというのも、合同参謀本部に人気が集まらない理由の一つのようだ。また組織の論理として、使える人材はよそに渡さないものだ。

どの組織にもいえることだが、特に軍隊では「編成道義を守れ」と強調される。新たに編成する部隊には、最良の人材を送り出せ、間違っても厄介払いに利用するなということだ。自衛隊の統合幕僚監部には有能な人を出す、そしてその人に人事的な配慮をする、これができるかどうかに統合運用の成否がかかっている。

参考文献

第一章

桑木崇明『陸軍五十年史』昭和十八年　鱒書房
中山隆志『関東軍』平成十二年　講談社
戦史叢書『マレー進攻作戦』昭和四十一年　朝雲新聞社
アーサー・スウィンソン『コヒマ』昭和四十二年　早川書房
戦史叢書『一号作戦　湖南の会戦』昭和四十三年　朝雲新聞社
永井清彦『現代史ベルリン』昭和五十九年　朝日新聞社
外務省編『終戦史録』昭和二十七年　新聞月鑑社

第二章

野中郁次郎『アメリカ海兵隊』平成七年　中央公論社
熊谷直『日本の軍隊ものしり物語』平成元年　光人社
真鍋元之『ある日、赤紙が来て』平成六年　光人社
戸部良一『逆説の軍隊』平成十年　中央公論社
ドワイト・アイゼンハワー『ヨーロッパ十字軍』昭和二十四年　朝日新聞社
マシュウ・リッジウェイ『朝鮮戦争』昭和五十一年　恒文社

第三章
白善燁『指揮官の条件』平成十四年　草思社
サミュエル・モリソン『モリソンの太平洋海戦史』平成十五年　光人社
吉田俊雄『海軍参謀』平成四年　文藝春秋
バリー・リーチ『ドイツ参謀本部』昭和五十四年　原書房
額田坦『陸軍省人事局長の回想』昭和五十二年　芙蓉書房
戦史叢書『大本営陸軍部〔1〕』昭和四十二年　朝雲新聞社
井本熊男『作戦日誌で綴る支那事変』昭和五十三年　芙蓉書房

第四章
戦史叢書『支那事変　陸軍作戦〔1〕』昭和五十年　朝雲新聞社
戦史叢書『南太平洋陸軍作戦〔1〕』昭和四十三年　朝雲新聞社
服部卓四郎『大東亜戦争全史〔2〕』昭和二十八年　鱒書房
リデル・ハート『戦略論〔下〕』昭和四十六年　原書房
佐々木春隆『長沙作戦』平成十九年　光人社

第五章
土門周平『戦う天皇』平成元年　講談社

林建彦『北朝鮮と南朝鮮』昭和四十六年　サイマル出版会
陸戦史集『朝鮮戦争［8］』昭和四十七年　原書房
戦史叢書『南太平洋陸軍作戦［3］』昭和四十五年　朝雲新聞社
戦史叢書『イラワジ会戦』昭和四十四年　朝雲新聞社
服部卓四郎『大東亜戦争全史［3］』昭和二十八年　鱒書房

第六章

土肥原賢二刊行会編『秘録　土肥原賢二』昭和四十七年　芙蓉書房
福留繁『史観　真珠湾攻撃』昭和三十年　自由アジア社
今野勉編『昭和の戦争［8］』昭和六十年　講談社
森松俊夫編『敗者の戦訓』昭和六十年　図書出版社
ラインハルト・ゲーレン『諜報・工作』昭和四十八年　読売新聞社
吉田裕『昭和天皇の終戦史』平成四年　岩波書店

第七章

戦史叢書『陸軍軍戦備』昭和五十四年　朝雲新聞社
戦史叢書『海軍軍戦備［1］』昭和四十四年　朝雲新聞社
戦史叢書『海軍捷号作戦［1］』昭和四十五年　朝雲新聞社

佐藤市郎『海軍五十年史』昭和十八年　鱒書房
瀬島龍三『幾山河』平成七年　産経新聞ニュースサービス
服部卓四郎『大東亜戦争全史〔4〕』昭和二十八年　鱒書房

藤井非三四(ふじい　ひさし)

一九五〇年、神奈川県生まれ。一九七二年、中央大学法学部卒。七四年、国士舘大学大学院政治学研究科修士課程修了。財団法人斯文会、出版社勤務の後、出版プロダクション「FEP」設立。同社代表取締役。日本陸軍史、朝鮮戦争史を専門とする。著書に『戦場の名言』(共著)『《都道府県別に見た》陸軍軍人列伝』(東日本編・西日本編)ほか。

陸《りく》海《かい》軍《ぐん》戦《せん》史《し》に学《まな》ぶ　負《ま》ける組《そ》織《しき》と日《に》本《ほん》人《じん》

集英社新書〇四五七D

二〇〇八年八月二四日　第一刷発行
二〇一九年八月　六　日　第五刷発行

著者……藤《ふじ》井《い》非《ひ》三《さ》四《し》

発行者……茨木政彦

発行所……株式会社集英社

東京都千代田区一ツ橋二－五－一〇　郵便番号一〇一－八〇五〇

電話　〇三－三二三〇－六三九一(編集部)
〇三－三二三〇－六〇八〇(読者係)
〇三－三二三〇－六三九三(販売部)書店専用

装幀……原　研哉

印刷所……凸版印刷株式会社

製本所……株式会社ブックアート

定価はカバーに表示してあります。

ISBN 978-4-08-720457-5 C0221

a pilot of wisdom

a pilot of wisdom

集英社新書　好評既刊

リニア新幹線 巨大プロジェクトの「真実」
橋山禮治郎　0731-B

リニア新幹線は本当に夢の超特急なのか？ 経済性、技術面、環境面、安全面など、計画の全容を徹底検証。

資本主義の終焉と歴史の危機
水野和夫　0732-A

金利ゼロ＝利潤率ゼロ＝資本主義の死。五百年ぶりの歴史的大転換期に日本経済が取るべき道を提言する！

伊勢神宮 式年遷宮と祈り〈ヴィジュアル版〉
石川 梵　033-V

二〇年以上の取材を通して明らかになる伊勢神宮の祭祀世界。一般には非公開の神事、神域を撮影。

上野千鶴子の選憲論
上野千鶴子　0734-A

護憲でも改憲でもない、「選憲」という第三の道を提示。若者や女性の立場で考える日本国憲法の可能性とは。

子どもの夜ふかし 脳への脅威
三池輝久　0735-I

慢性疲労を起こして脳機能が低下するという、子どもの睡眠障害。最新医学から具体的な治療法を明示する。

人間って何ですか？
夢枕 獏　0736-B

脳科学や物理学、考古学など、様々な分野の第一人者を迎え、人類共通の関心事「人間とは何か」を探る。

非線形科学 同期する世界
蔵本由紀　0737-G

「同期（シンクロ）」は生命維持にも関与している物理現象。知られざる重要法則を非線形科学の権威が解説。

体を使って心をおさめる 修験道入門
田中利典　0738-C

金峯山修験本宗宗務総長の著者が自然と共生する修験道の精神を語り、混迷の時代を生き抜く智慧を伝授。

ちばてつやが語る「ちばてつや」
ちばてつや　0739-F

『あしたのジョー』『あした天気になあれ』などで知られる漫画界の巨人が自身の作品や創作秘話を語る！

メッシと滅私 「個」か「組織」か？
吉崎エイジーニョ　0740-H

サッカーW杯で勝負を分けるものとは。代表が超えられない「壁」の正体に迫る。本田圭佑らの証言満載。